怪模怪樣怪可愛

世界

奇蟲圖鑑

THE WORLD'S STRANGE BUG PICTURES

田邊拓哉 =著
Takuya Tanabe

C O N T E N T S

前言

關於奇蟲

本書中介紹的各式各樣生物之所以稱呼為「奇蟲」，主要是來自人們的主觀印象而歸類為「奇蟲」，並非生物學上的分類。這本書裡的奇蟲以節肢動物為主，特別是能夠吸引人們目光、外觀奇特的生物統稱。由於每一個人對於奇蟲的定義皆有微妙的差異，因此，無法一開始就對奇蟲這樣的分類賦予明確的定義。

本書主要是介紹昆蟲類以外，多足的節肢動物（如蜘蛛、蠍子、蜈蚣、馬陸）這類生物。上述這些大類以外，也包含了鈍尾目、避日目、有鞭目等各式各樣的小分類。此外，也收錄了即使在昆蟲之中，依然具有特別奇怪的姿態和習性的種類，還有怪異的蟑螂與灶馬等一般人較不喜的生物，以及蝸牛、蛞蝓、螞蟥、蚯蚓等人們普遍覺得討厭的無脊椎動物，也在此以奇蟲的身分一一登場。

雖然奇蟲們乍看之下有點怪異、令人不快，但是從另一個角度仔細觀察，就能看出這些奇蟲特殊的姿態和美麗的顏色等獨特的魅力特質。對於拿起本書翻閱的讀者，筆者認為可以藉由本書清楚地瞭解關於這些奇蟲的知識，甚而更進一步找出飼養這些奇蟲的樂趣。

前言

代表性的奇蟲❶

≫ INTRODUCTION ≪

捕鳥蛛

捕鳥蛛科是一種大型蜘蛛，亦是世界上赫赫有名的生物，以生物學的角度而言，隸屬於節肢動物門螯肢亞門蛛形綱蜘蛛目，台灣多稱之為大蘭多毛蛛，日本俗稱大土蜘蛛科的蜘蛛也歸類在此。這類蜘蛛有800種以上，棲息於世界各地，捕鳥蛛科廣泛分布於全球各式各樣的熱帶地區，根據區域和種類的不同，棲息環境也有所差異，有的會在地面上遊走，有的會挖洞穴居於地下或築巢於樹木上等，有著多樣化的生活習性。

不管是哪種類型的捕鳥蛛，特徵都是全身覆蓋著短毛（螯毛）。感受到危險時，部分種類的捕鳥蛛為了自我防衛，會將腹部的螯毛踢散至空中。這種螯毛雖然沒有毒性，目視也幾乎看不見，但由於毛前端像魚叉一樣尖尖的，因此，一旦接觸到人類或動物皮膚，就會因刺激導致皮膚

發癢。螯毛的強度根據蜘蛛種類也有所差異，而接觸到螯毛的反應程度，也會因個人體質不同而異。敏感體質的人不只會發癢，甚至會引起發炎症狀，吸入散布在空氣中的短毛，也可能會產生咳嗽不止的症狀，因此需要特別留意。相反的，即使接觸到刺激性強烈的短毛，卻也有很多人完全不會產生任何紅癢症狀。

除了螯毛，另一個說到捕鳥蛛就會令人聯想到的鮮明特徵則是「毒牙」。電影或戲劇中經常出現使用毒蜘蛛殺人的橋段，這些畫面讓捕鳥蛛在人們心中留下深刻的印象，也導致捕鳥蛛＝毒蜘蛛這樣的形象根深柢固，廣為流傳。然而實際上，並沒有人類遭到捕鳥蛛噬咬而導致死亡的確切案例。

另一方面，世界上確實存在毒性比捕鳥蛛更加強烈危險的蜘蛛，因而致死的案

例也時有所聞。和這些具有危險毒性的蜘蛛相比，雖然捕鳥蛛也有毒牙，卻沒有足以致人於死地的毒性強度。不過，即使如此也並非全然無害，捕鳥蛛的毒性還是會導致人類產生疼痛、紅腫或麻痺等各種症狀。實際被咬過的人表示，被咬到的感覺真的很痛，因此仍然要非常小心。即使毒性強度會根據品種而異，但是若被比圖釘還粗的尖牙咬到，那物理性的痛感無需多說也可想而知。

　　捕鳥蛛和多數的節肢動物相同，須經過蛻皮的過程而成長。蛻皮的次數雌雄有別，雄性捕鳥蛛有「最終蛻皮」的限制，完成「最終蛻皮」的雄性捕鳥蛛，和雌性捕鳥蛛交配後即死亡，壽命大多在5年左右。另一方面，雌性捕鳥蛛沒有所謂的「最終蛻皮」，長到成體尺寸後仍可以無限次的繼續蛻皮生長。雌性捕鳥蛛的壽命比雄性來得長，平均而言，大概在10年左右。某些品種的捕鳥蛛壽命甚至更長，在人工飼養的情況下，甚至有存活25年的例子。

　　捕鳥蛛的尺寸根據品種而有各式大小，小一點的品種展足長度只有幾公分，大一點的品種則有超過20cm的世界最大 *Theraphosa* 屬（巨人捕鳥蛛）蜘蛛，體型範圍非常廣。🕷

前言
代表性的奇蟲❷
≫ INTRODUCTION ≪
蠍子

蠍子是屬於節肢動物門螯肢亞門蛛形綱蠍目的物種。正如各位聽到蠍子的想像，牠的前端有剪刀狀的鉗足，尾巴尖端則帶有毒針。現今世界上已知的蠍子種類有1600種以上，是節肢動物中最古老的物種，被稱為活化石。至少4億3千萬年前，蠍子就是以現在的外觀，完全沒有改變地存在著。古時的蠍子，甚至有全長超過1公尺的大型種。主要分布地區在亞熱帶到熱帶之間，氣溫從冰點以下的地域，到白天極高溫的嚴酷環境都可以發現蠍子的蹤跡。日本國內也有兩種蠍子棲息，可以在沖繩的西南諸島見到。無論種類為何，蠍子的隱蔽性都很高，會在石塊或倒木之下建造隱蔽的窩穴。棲息於沙漠的品種，大多是從地面挖掘隧道狀的巢穴，居住其中。雖然基本上無論何種蠍子都是棲息在地表上，但是也已經確認，有一些是棲息在樹上的珍貴品種。此外，絕大多數的蠍子都是屬於夜行性物種，但是棲息在沙漠的蠍子則在白天活動，有時還能看見蠍子在石頭上作日光浴的景象。

提到蠍子的第一印象，似乎大多數人的聯想都是身懷劇毒，甚至有被蠍子刺到會瞬間死亡的想像。事實上，在1600種以上的蠍子中，具有致命毒性會導致人類死亡的蠍子，只有30種左右。大多數毒性強的蠍子被歸類在鉗蠍科，在日本屬於特定的外來動物，並且禁止進口、飼養。也就是說，現在日本國內當成寵物流通的蠍子，幾乎都是毒性偏弱的品種。然而，即使是毒性低的蠍子，如果被刺到好幾次，還是可能會引起過敏般的過敏性休克症狀，不能說完全安全。此外，即使是被毒性低的品種刺傷，還是會產生疼痛或紅腫等症狀，因此不用多說也該知道，接觸蠍

子時一定要特別小心留意。

　　至於蠍子的壽命，有存活1年即死亡的品種，也有生存紀錄超過25年的蠍子，壽命長短不一。不像捕鳥蛛具有雌雄壽命的差異，在人工飼養下受到良好照顧的蠍子，可能的生存年限長達8～10年。

　　蠍子可以從腹部的櫛狀器大小來分辨雌雄。雄性蠍子的櫛狀器特色是比雌性蠍子來得大，寬度也更寬。此外，雌性蠍子的體型比雄性來得粗壯，雄性蠍子的螯則是比雌性人，這些外觀的特徵差異皆是判斷雌雄的標準。雄蠍和雌蠍交配時，會出現稱為「求偶舞」的行為，即雄性蠍子和雌性蠍子相對，螯相結合，像跳舞一樣的動作。

　　幾乎所有的蠍子在黑暗中受到紫外線燈照射時，表皮都會產生綠光。這個現象是由於表皮中的顆粒層含有β-咔啉這物質，經過紫外線的反應而發光。至於這種機制的作用何在，目前並沒有確切的解釋。順帶一提，即使是蛻皮的殼受到紫外

線燈的照射，同樣也能發光。

　　蠍子之中最大的品種，即為本書P.64介紹的帝王蠍，由於被當成寵物大量流通，因此華盛頓公約將其認定為CITES附錄II類，藉以控制流通的數量。日本國內的其他2種蠍子，也被認定為CITES附錄II類。🦂

前言
代表性的奇蟲❸
≫ INTRODUCTION ≪

蜈蚣

蜈蚣屬於節肢動物門多足亞門唇足綱的物種。唇足綱以下則分成兩個亞綱，其中整形亞綱（Epimorpha）包含蜈蚣目和地蜈蚣目。異形亞綱（Anamorpha），則分成缽頭蜈蚣目、石蜈蚣目和蚰蜒目。也就是說，可以將蜈蚣和蚰蜒理解為相近的物種。蜈蚣經過蛻皮會愈長愈大，但整形亞綱下的類別，從出生之後至成熟為止，即使蛻皮外型也不會改變，異形亞綱出生之後經過反覆蛻皮，身體的節則是會逐漸增加。

身邊常見的蜈蚣，大部分屬於蜈蚣目中的蜈蚣科，在日本國內發現的代表性蜈蚣，則是被歸類為少棘蜈蚣。本書中介紹的蜈蚣，幾乎都是屬於蜈蚣目蜈蚣科蜈蚣屬（Scolopendra）。蜈蚣目廣泛分布在世界各地，日本國內約有21種，世界上已知的品種約550種以上。地蜈蚣目則是體型細長、棲息在地底的蜈蚣，國內約有60種，世界上已知的品種約1100種以上。

石蜈蚣目屬於體節短的小型蜈蚣，體型尺寸通常不及一般的蜈蚣。缽頭蜈蚣目則是非常珍貴的一類蜈蚣，世界上只有2種，分布在塔斯馬尼亞和紐西蘭。蚰蜒目在日本國內約有2種，世界上已知的品種則是約130種。

基本上無論種類，蜈蚣都是夜行性的生物，小型蜈蚣會在地底或腐木下如土壤生物般生活其中。以蜈蚣目為主的大型品種具有徘徊性，入夜之後為了捕捉獵物，會往地面上遊走移動。依據品種不同，大型蜈蚣的棲息環境也十分多樣，從濕度高的森林到乾燥地帶的岩場，皆能發現這類蜈蚣的蹤跡，其中甚至還發現了能在水中游泳的蜈蚣。

蜈蚣最鮮明的特色就是腳非常多，依

據所屬科目不同，成對的步足數也大不相同。腳最多的地蜈蚣目，甚至有多達191對步足的品種。一般常見的蜈蚣大多屬於蜈蚣目，步足數量通常為21對或23對。除了用以步行的步足以外，也有某些品種最後體節上的腳，特化為具有器官構造的曳航腳。曳航腳是作為觸覺器官使用的延伸足，移動期間不常使用。曳航腳在受到驚嚇時會擺動發出警告，某些情況下也可以利用曳航腳捕捉獵物。

　　蜈蚣前方的腳經過演化變成大顎（顎足），呈尖銳的鉗子狀，咬住獵物的時候可以注入毒液。根據種類不同，蜈蚣的毒性成分也有差異，目前已知的成分有溶血性的酵素；會引起發癢、疼痛或浮腫等症狀的組織胺；因為組織胺作用而過敏的血清素。曾有遭蜈蚣噬咬致死的案例，但卻沒有任何一種蜈蚣具有本來就致死的毒性。僅有的死亡案例，死因是反覆遭到相同毒性的蜈蚣咬傷而引起過敏性休克（重度過敏反應），或是幼兒、老人等抵抗力比較不好的族群遭到咬傷。

　　本書中也介紹了世界上最大的蜈蚣，那是名為「加拉巴哥巨人蜈蚣 *Scolopendra galapagoensis*」（參見P.68）的品種，曾有長達62.5cm的體長紀錄。⦿

代表性的奇蟲❹

≫ INTRODUCTION ≪

馬陸

馬陸和蚰蜒有點相似，分類也同屬於多足類（多足亞門），因為幾個差異之處，而將蚰蜒分列另一個綱目。以分類學而言，馬陸是節肢動物門多足亞門倍足綱的總稱。

在馬陸綱之下，分成毛馬陸目、扁形馬陸目、球馬陸目、蟠馬陸目、泡馬陸目、美肢馬陸目、多板馬陸目、平馬陸目、帶馬陸目、管馬陸目、姬馬陸目、Siphoniulida目、山蚤目、異蚤目……這些物種廣泛分布在世界中各式各樣的地方，已知品種約有8000種，日本則約有250種。還有很多馬陸的品種未被記載，今後陸續發現新品種的可能也非常高。

馬陸的生存環境非常廣泛，從高濕度的森林到人類聚集的居處周遭，甚至乾燥地帶的土壤裡也能發現馬陸的蹤跡。馬陸主要是以土壤中的腐木或落葉等有機物質，或附著於腐木、落葉上的真菌為食物生存。因為馬陸能夠幫忙分解這些物質，是促進森林土壤循環運作很重要的一員。此外，也有以水果或動物殘骸為食的雜食性馬陸。

對人類來說，幾乎沒有所謂有害的馬陸，根據上述所言，馬陸反而屬於益蟲，儘管如此，馬陸還是常常被視為怪異的、令人不舒服的害蟲。真要說起為數不多的損害事件，也只是曾經有過週期性大量增生的汽車馬陸

（*Parafontaria laminata armigera*）出現在鐵道上，在火車輾過後造成脫軌，導致列車停擺的狀況。不過基本上無害的馬陸族群中，也有一些自我防衛時會釋出有毒物質（大多是氰化物或苯甲醛）的品種，這些有毒物質接觸到皮膚會產生刺痛感、染上顏色，嚴重時更會導致水腫症狀。但馬陸不像蜈蚣會以毒牙嚙咬並注入毒液，而是在自我防衛的機制下如前所述釋出體液，完全只是出於保護自己的程度。

繁殖型態根據品種而有差異，基本上是透過雌、雄馬陸交配，進而產卵。產卵時，是在稱為卵塊的土巢中產出固態的卵，從卵中孵化的幼蟲非常小，顏色為白色。幼蟲經過多次蛻皮，不斷增加體節和附肢，漸漸長成蟲體型。

本書亦介紹了世界上最大的馬陸，「非洲巨馬陸 *Archispirostreptus gigas*」（參見P.82），最大可以長達30cm。🐛

THE WORLD'S STRANGE BUG PICTURES

世界奇蟲圖鑑

大王虎甲蟲

》**學名：** *Manticora latipennis*　》**體型：** 7cm　》**分布：** 南非

外 形與看起似乎有毒的小型日本產虎甲蟲相似又不太一樣，但的確屬於近緣物種。非洲南部已經發現好幾種虎甲蟲，這個品種也是其中之一，具有獨特的帥氣外表和重量感。和其他虎甲蟲一樣，發現不會飛也不會逃的獵物時，捕食的動作會非常敏捷。肉食性，性格既聰明又凶猛。其特徵是具有非常大的顎，形狀則是因雌雄而有所不同，雌性虎甲蟲的大顎左右對稱，可以相對咬合，雄性虎甲蟲則是有一邊像鐮刀般特別長，無法緊密咬合。成蟲可以生存2～3年左右，在甲蟲類中算是相當長壽的品種。

||||**取得與飼養方式**||||

能在寵物店看到的機會非常少，大概好幾年才能看到一次。以蟋蟀等活體生物為食物。經過熱衷此道的愛好者悉心飼養，現今已在日本國內出現好幾個繁殖成功的例子。幼蟲學名由來的蠍獅（具有蠍尾、人面、獅身的妖魔），擁有非常奇怪的外型。如果有機會取得，不妨試著以繁殖為目標進行飼養，想必會很有趣吧！※

存活在現代的 三葉蟲？

三葉窗螢 ※日本流通名稱

>> 學名：*Lamprigera tenebrosa* >> 體型：8cm >> 分布：泰國

這 個品種的螢火蟲和棲息於日本的螢火蟲，不管尺寸或外觀都完全不同，分類上卻是近緣物種。海外的螢火蟲多半與這個品種一樣，幼蟲期大多在陸地上度過（日本的螢火蟲幼蟲大多屬於水生），但是在日本的西南諸島，還是可以找到好幾種同樣屬於陸生的螢火蟲。提到螢火蟲，最廣為人知的無非就是尾部會發光這個特徵，三葉窗螢不只是屬於螢科，更是現存昆蟲中具有最大發光器官的物種，可以釋放出特有幻境般的黃綠色光芒。雄性的螢火蟲，即使在幼蟲時期或是蛹的狀態也可以

發光。

　　雄性和雌性成蟲時的外觀完全不同，是這種螢火蟲最大的特色。雄性和其他多數昆蟲一樣，幼蟲時期和成蟲時期的外貌差異很大，成蟲羽化後會長出翅鞘與翅膀，外觀與日本的螢火蟲差不多。然而雌性則是從幼蟲的外觀直接成熟為成蟲，就像電影〈異形〉一樣，成蟲就是將幼蟲的外貌直接放大。體型方面也是雌性較大，即使同時看見雄性和雌性的成蟲，可能還是會有「這是同一種螢火蟲嗎？」的疑問。

　　繁殖型態為卵生，會產卵。為肉食性的昆蟲，幼蟲時期專吃蝸牛或青山蝸牛等陸棲貝類。成蟲之後幾乎不進食，特別是雄性成蟲只喝水，其餘時間都專注於和雌性螢火蟲交配繁衍。※原文三葉窗螢（サンヨウマドボタル）為日本流通名稱，依學名歸類為螢科扁螢屬，並非窗螢屬。中文可查詢到類似的三葉蟲紅螢，則是不同科的紅螢科。

|||取得與飼養方式|||

　　極少數的爬蟲類專賣店有販售，屬於可以飼養的昆蟲。如果無法取得蝸牛等食物，以冷凍的田螺或蝸牛罐頭（寵物用的卷貝罐頭）取代也可以。❀

幼蟲發光的模樣

分布在日本（西南諸島）的大島窗螢幼蟲

海邊的 鼠婦獵手

蟾蝽

>> 學名：*Nerthra macrothorax*　>> 體型：2cm　>> 分布：日本（九州南部以南）

體型非常小的昆蟲，乍看之下可能會有「這是一種生物嗎？」的疑惑，看起來就像海邊散落的樹枝或枯葉，令人難以辨認。棲息場所通常在海邊的沙灘之類，經常能在石頭或漂流木下發現蟾蝽的蹤跡。外觀和水生的狄氏大田鱉或負子蟲很相似。但是，蟾蝽雖然棲息在近水之處卻不會游泳，在水裡很容易就溺死了。退化的翅膀不能飛行，行動方式像玩具一樣，一小步一小步的移動。不會游

泳，不會飛，總是賴在地上，動作很遲緩，令人驚訝的是，這麼無用的昆蟲竟然是肉食性生物。雖然這麼遲緩的生物到底可以捕獲什麼食物這點，令人覺得不可思議，然而，就是有蟾蜍也能捕獲的生物存在——那就是鼠婦或糙瓷鼠婦這類甲殼類節肢動物。特別是生活環境相近的浜鼠婦，正是蟾蜍的最佳獵物。浜鼠婦因為動作遲緩，於是擁有堅固的外殼，然而蟾蜍卻擁有針對這個特徵的最佳武器。

蟾蜍的前腳是宛如粗粗的鐮刀狀捕捉足，（這也正是日本俗名アシブトメミズムシ・直譯為粗腳水椿象的由來），因此可以牢牢抓住作為食物的鼠婦或糙瓷鼠婦。捉到獵物的時候，就能將針狀口器順利插入殼與殼之間的縫隙，並且導入消化液。消化液會溶化獵物體內的組織，蟾蜍再以吸管吸食般的方式吃下獵物即可。這種進食方式和狄氏大田鱉等生物相同，由此可知，蟾蜍的確是這類昆蟲的相近物種。

||||取得與飼養方式||||

蟾蜍是夜行性生物，白天大多會潛隱在沙子裡，因此不容易察覺。若是運氣好發現蟾蜍蹤跡時，不妨試著擴大範圍在附近找找吧！由於這個物種習慣聚集在一個場所，因此在找到蟾蜍的周圍，通常可以發現更多的蟾蜍。

飼養的時候，在飼養箱裡鋪上和棲息地相同的沙子，食物則是使用鼠婦或糙瓷鼠婦。雄性和雌性蟾蜍的體型大小不同，雌性體型會比雄性大上一圈。將雌性和雄性蟾蜍一起飼養，就可能進一步繁殖，蟲卵孵化完成約需1個月。幼蟲的體型非常小，只有3mm左右，因此，若是無法準備小型餌食，說不定就很難進行累代（近親繁殖）飼養。☒

硬刺林立如栗　蝽象中的殺手

多刺獵蝽

>> 學名：*Psytalla horrida*　>> 體型：4～6cm　>> 分布：非洲中部

多刺獵蝽（毬栗大刺蝽蟲）

獵　蝽科是異翅亞目（俗稱蝽象）裡的肉食性生物，一般蝽象會將針一樣的刺吸式口器插入植物裡，藉此吸取樹液，而肉食性蝽象則是將口器插入捕獲的獵物身體裡，像吸血鬼一樣吸食體液。根據品種不同，捕食的對象也有所差異，有的主食為昆蟲，有的專門獵取馬陸，其中還有吸附於哺乳動物吸血的危險品種等。這個物種的英文俗稱叫作「Assassin bug」，Assassin有暗殺者的意思，名稱由來是因為牠們會吸附在獵物背後，藉此吸取體液的習性。

日本也有獵蝽科物種棲息，大部分是小型品種。多刺獵蝽的體型比日本產的獵蝽科要大很多，頸部後方的前胸背板有數根長長的棘刺，與背部有2個紅色斑紋為其特徵。長刺特徵從幼蟲時期開始就很發達，背部的紅色斑紋則是在長出翅膀，成為成蟲之前不會出現。剛孵化的幼蟲全身都是鮮紅色，經過多次蛻皮才會出現黑色的底色。順帶一提，在蛻皮之後直到身體變硬之前，全身會呈現非常炫麗的螢光粉紅色。繁殖型態是卵生，會生產帶有光澤的橢圓形

小卵，卵上附有一個蓋子般的構造，孵化成幼蟲之後，蓋子就會脫落。

　　已知的近緣種有「白斑獵蝽 Platymeris biguttatus」、「紅斑獵蝽 Platymeris rhadamanthus」、「橙斑獵蝽 Platymeris sp. "Mombo"」，同樣都是屬於大型品種。白斑獵蝽的背部斑紋是白色的，比起其他品種稍微小一點。紅斑獵蝽的配色和多

刺獵蝽雖然相似，但是刺比較短，體型也比較小。橙斑獵蝽是還沒有被正式記載的物種，亦有視為紅斑獵蝽地域個體群的說法，體型則是3個近緣種中最大的。無論哪個品種，其生態習性都和多刺獵蝽相同，獵捕昆蟲之後，吸取體液的進食方式亦如前面所述。🐞

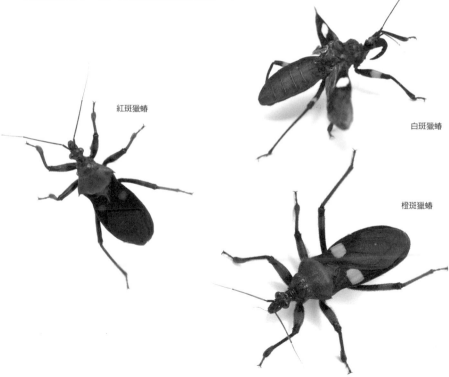

紅斑獵蝽

白斑獵蝽

橙斑獵蝽

宛如乾燥的海帶芽！

幽靈螳螂

》學名：*Phyllocrania paradoxa* 》體型：4～7cm 》分布：非洲大陸、馬達加斯加

幽靈螳螂正如其名，左右搖擺的動作彷彿幽靈一樣。日本常見的稱呼則是亡靈螳螂或妖怪螳螂，也有很多昆蟲愛好者直接擷取學名，以「Paradoxa」稱呼。奇怪的外觀是為了擬態成枯葉，若蟲時期就像泡在水裡而膨脹的乾燥海帶芽一樣，呈現搖晃不定的模樣。

幽靈螳螂羽化為成蟲之後，雄性和雌性的體型就會出現明顯差異。雄性稍微小隻纖細一點，觸角卻是又粗又長。反之，

雌性則是身型比較粗壯結實，較雄性大隻。無論是雄性或雌性的幽靈螳螂，外觀色彩變化都很豐富，淺咖啡色、近黑的深咖啡色、綠色等等。在螳螂中屬於中型大小，棲息地遍布非洲大陸。

取得與飼養方式

以寵物市場而言，幽靈螳螂的流通還算穩定，飼養也很容易，因此，非常推薦給初次飼養外國品種螳螂的人。原棲地為乾燥地區，所以非常耐旱。大部分的螳螂幼蟲都偏好捕食會飛的昆蟲，幽靈螳螂的幼螳也經常吃果蠅科這類會飛的昆蟲。食物的喜好範圍比其他螳螂更廣，不只可以餵食果蠅，以小型蟋蟀或生物飼料專用蟑螂等取代也可以。不管是蟋蟀或果蠅，都一樣可以讓螳螂順利成長，但是以日常食物來說，可以準備小果蠅最好不過。成長期的幼螳只要進食積極，即使每天餵食也無妨。

亞成體

所需水分使用噴水器以水霧的方式提供。不過度攝取太多水分，就不需要吃太多食物，因此，幼螳每週只以噴水器噴水2次也無妨。飼養箱須具備一定高度，螳螂蛻皮時，會從高處倒掛往下進行蛻皮，如果容器高度不足導致中途停滯，會發生蛻皮不完全的狀況。蛻皮不完全的螳螂等於死路一條，需要特別留意。可以在飼養箱中加上漂流木或園藝用的網子，作出方便螳螂攀爬掛立的環境，讓螳螂可以從高處進行蛻皮，預防蛻皮不完全的情況產生。螳螂在即將蛻皮前不會進食，且腹部膨脹，是很容易分辨的徵兆。

長至成蟲為止約需1年的時間，整體壽命不算長，想要長期飼育的人，不妨將累代繁殖也列入飼養計畫。幽靈螳螂的雌性和雄性很容易分辨，在螳螂中屬於比較容易自行繁殖的品種，試著挑戰看看，或許會很有趣喔！

螳螂中的大魔王

魔花螳螂

>> 學名：*Idolomantis diabolica*　>> 體型：13 cm
>> 分布：衣索比亞、肯亞、坦尚尼亞、索馬尼亞、南蘇丹

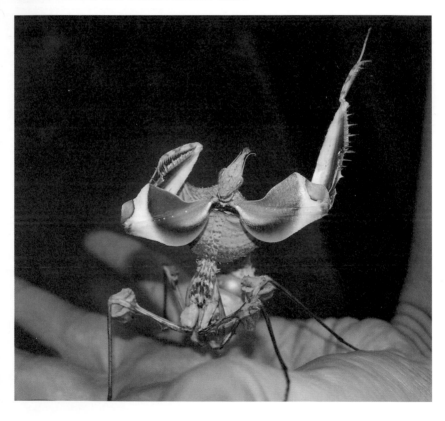

棲息在非洲的大型螳螂，體色和外形都很奇特，擁有不負魔王之名、充滿迫力的威嚇姿勢——將寬闊的鐮刀往左右兩側張開、往上高舉的同時，翅膀也會一起大大張開。作出這個威嚇姿勢時，整體身型在視覺上會比實際更大，裝出可怖的模樣。然而，其性格卻與外觀相反，在螳螂之中屬於相當膽小的品種。事實上，獨特的威嚇姿勢在嚇跑敵人之際，與草木枝、葉相似的肢體也進一步融入背景之中，完成擬態，讓胸部和腹部看起來就像枯葉一樣。此外，成蟲和若蟲的體色都是很醒目的白色，但亞成體時期全身則是清一色的咖啡色，呈現落葉般的低調外觀。

幼蟲

|||| 取得與飼養方式 ||||

極具分量感的身型與華麗的外觀，因而在螳螂愛好者中擁有非常高的人氣，也被視為寵物流通。魔花螳螂這一類由外國引進的螳螂，可以在為數不多的昆蟲專賣店或爬蟲類專賣店找到。螳螂進入成蟲階段後，壽命也就不長了，要是從若蟲開始飼養，就可以體驗長時間飼養的樂趣。根據螳螂的品種不同，飼養和繁殖難易度也有所差異，魔花螳螂這個品種比較麻煩一點。食物方面有好惡分明的傾向，對於容易取得的蟋蟀或飼料專用蟑螂通常不太會有反應。而是高度喜好果蠅等會飛的昆蟲，可使用釣魚用蠅蛆（果蠅幼蟲活餌）羽化成為果蠅，當成食物。若是初次飼養，比起野生捕獲的魔花螳螂，建議選擇日本國內或海外人工繁殖的魔花螳螂會比較容易飼養。🖼

日本境內最大型的蠼螋

日本球螋

》學名：*Labidura riparia japonica* 》體型：3cm 》分布：日本

雄性

雖然在日本各地都可以看到蠼螋，但這個品種則是其中比較常見的。蠼螋這種生物在尾端具有像剪刀一樣的尾鋏，尾鋏形狀和大小根據品種與雌雄而有所差異。日本球螋具有又長又大的尾鋏，雄性的尾鋏比雌性更大，鋏中段部位具有刺一般的突起。雌性的尾鋏比雄性小一點，輪廓比較平直。蠼螋的尾鋏是近緣種的蚱蜢、竹節蟲尾端的毛狀器官演變而來，用來獵捕作為食物的小小昆蟲，也會以其攻擊外敵，捕獵時可以曲起尾端夾住獵物。沒有毒性，人類被夾到也幾乎沒

有痛感。

||| 取得與飼養方式 |||

這類昆蟲雖然常見卻容易忽略，然而飼養起來卻意外地有趣，特別值得推薦。野生蠼螋以捕捉小型昆蟲（糙瓷鼠婦、白蟻）為食，人工飼養則可以餵食熱帶魚用的飼料粉，或烏龜飼料等各式各樣的食物取代。繁殖生態也很有趣，雌蟲會在交配後挖土作出巢穴，並且在巢穴中產卵。產卵後，雌蟲會不時出現清理卵的表面以保持清潔，避免孳生黴菌的行為。還會不吃不喝、片刻不離地伏在蟲卵上孵育，守護直到幼蟲孵化。

在寵物店流通的外國產蠼螋非常珍貴，可以找到埃及產的品種，或是被稱為黑長角蠼螋（日本流通名稱ブラックロングホーンハサミムシ*Dermaptera sp.*）的

泰國原產品種。日本球螋雖然是日本最大的蠼螋，但海外曾發現全長達8cm的世界最大品種，棲息於人口僅有6500人的聖赫勒拿島（St. Helena），被稱為聖赫勒拿蠼螋。聖赫勒拿蠼螋的數量在島嶼開發的過程中持續銳減，直到1967年還有出現蹤跡，現今則已判定滅絕了，是讓人想再次一窺究竟的生物。❦

若蟲

雌性

小到讓人忽視的 活化石

蚖蠊

》學名：*Galloisiana* spp. 》體型：2 cm 》分布：日本

在清涼濕潤的山林或森林地面，悄悄棲息於洞穴、石頭下方的蚖蠊，是一種很不可思議的昆蟲。在昆蟲當中沒什麼知名度，即使報出名號也幾乎沒有人知道這是什麼。蚖蠊是昆蟲綱蚖蠊目昆蟲的總稱，一名法國外交官 E.Gallois 在日本的中禪寺湖首次發現這個物種因而得名。英文俗通名字為 Ice Crawler（爬行於冰塊周遭的生物）。目前日本記錄的已知蚖蠊為 8 種，但還有很多尚未登錄，想必今後會有更多品種被記錄下來。

蚖蠊不只存在於日本，也廣泛分布在世界各國（僅北半球）的冷涼地區，被稱為「冰河期殘存的生物」。中生代的地層裡也曾發現蚖蠊的化石，和中華鱟、腔棘魚一樣，從古至今皆以相同的姿態生活著，屬於「活化石」之一。

蚖蠊的型態特徵與現代的各種昆蟲相符合，與蚱蜢目（直翅目）或革翅目最為相似。長至成蟲也不會生出翅膀，外觀細長像白蟻。生態很不一樣，若蟲期非常長，長至成蟲為止需要花費 5 至 7 年的時

間。不完全變態類型（不會經過成蛹階段，直接從若蟲長至成蟲），透過不斷蛻皮成長。剛孵化出來的大小約3mm，成蟲時會長到20mm左右。屬於卵生物種，一次交配大約會生產數十個大小約1mm左右的卵。不只若蟲期很長，蟲卵的孵育期也長達6個月至1年左右。

　　野生蚤蠊的族群中，雄性會比雌性少，比例上平均每發現10隻雌蟲，才會找到1隻雄蟲。其中的理由還不是很清楚，至今仍是個謎。分布區域很廣泛，凡是其棲息地域皆有很大機會可以看到牠的蹤影。

|||取得與飼養方式||||

　　蚤蠊的生活型態雖然不是很清楚，但如果幸運找到，也是屬於可以飼養的昆蟲。市面上沒有任何流通的管道，因此取得方法除了採集野生的蚤蠊之外，沒有其他方式。由於蚤蠊屬於較少見的稀少生物，即使在野外找到，也要適可而止地以最低限度捕捉，不要破壞整體生態環境。

　　飼養箱使用小塑膠容器或保鮮盒即可，特別留意不要讓蚤蠊從通氣孔逃走。因為蚤蠊是棲息在冷涼的環境中，飼養時需要留意溫度。理想的溫度是10～15℃，由於長時間維持這個溫度很困難，因此將飼養箱放入酒櫃或冰箱等恆溫處是有其

必要的。蚤蠊也無法生存在太乾燥的環境，經常保持一定的濕度也是必要條件。底材必須保持清潔，可以使用園藝用土、水苔或廚房紙巾等，既能保濕又方便替換、容易整理的素材。此外，蚤蠊喜歡陰暗的環境，因此必須在容器裡布置一些遮蔽物，打造出可以躲藏的暗處。遮蔽物可以使用小小的石頭或漂流木等。野外的蚤蠊一般以小型昆蟲為食，人工飼養則是可以將冷凍紅蟲解凍，放入飼養箱作為飼料。除了冷凍食物，也可以試著給蚤蠊餵食小型昆蟲活體，例如跳蟲或小型的糙瓷鼠婦，藉此觀察蚤蠊的捕食行為也很有趣。

昆蟲
Insects

戴著頭盔的 特大蟑螂

馬達加斯加巨人發聲蟑螂

≫ 學名：*Gromphadrhina oblongonata*　≫ 體型：8～10cm　≫ 分布：馬達加斯加

雄性馬島巨人發聲蟑螂

和 P.40介紹的犀牛蟑螂同樣具有意想不到的重量感和巨大尺寸，體色漆黑且具有光澤，無論雌雄都一樣，即使長至成蟲也不會有翅膀。此外，雄性頭部的前胸背板宛如頭盔般，長著角一樣的突出，雄性之間會用這有角頭盔般的部分對撞打架。也因為這樣的行為外觀，經常

被誤認為是獨角仙或鍬形蟲的同類。馬達加斯加棲息了許多巨人發聲蟑螂的同種，不管什麼品種都很大型，且雌性和雄性長至成蟲皆沒有翅膀。所有稱為發聲蟑螂的品種都會發出尖銳的嘶鳴聲，藉此嚇跑敵人，這個聲音是用力排出空氣，發出「咻」的噴氣音。雖然沒有實質上的傷

害，但由於體型的關係，還是會帶來很大的迫力，不知道的人甚至會因此猶疑而不敢出手打牠。同類互相競爭的時候也會發出噴氣音。本種在所有發聲蟑螂之中亦為最大型的品種，若是僅看全長，即使世界上最重的犀牛蟑螂也比不上（順帶一提，世界上最長的蟑螂，是棲息在南美洲的南非巨翅蜚蠊 *Megaloblatta longipennis*）。

這種蟑螂雖然屬於雜食性，但特別喜好甜食，別名水果蟑螂，尤其喜歡香蕉、蘋果等水果。繁殖型態為卵胎生，會直接生出小蟑螂。

┃┃┃取得與飼養方式┃┃┃

發聲蟑螂這個種類，因為其巨大體型與不像蟑螂的外觀，因而在寵物蟑螂之中擁有高人氣，有些寵物蟑螂的品種由於作為飼料而被大量的繁殖販賣。但是發聲蟑螂比起其他近緣種，在市面上流通的機會

馬達加斯加發聲蟑螂「咖啡色種」
Gromphadorhina portentosa

侏儒馬島發聲蟑螂
Elliptorhina chopardi

遠超蟑螂同儕的尺寸和重量感！

只能說是偏少的可見。

　　飼養箱使用塑膠容器，可通氣性者為宜，但即使是光滑無比的容器表面，蟑螂幼蟲或成蟲都能攀爬，因此若蓋子的通氣口太大，蟑螂就會爬出洞口脫逃，請特別留意。為了避免發生這種情況，不妨在飼養箱上緣塗抹凡士林，蟑螂就會因為過於滑溜而無法攀爬逃出。除了塗抹凡士林，塗上一圈碳酸鈣粉也能達到同樣的效果。飼養溫度宜控制在23～26℃左右，無法生存在悶熱的環境這點需要格外留意。特別是容器內不需要濕度，箱內不需要鋪設任何底材也無妨，如果想要營造棲息地的氛圍，鋪上乾燥的天然樹皮是不錯的選

擇。因為是雜食性，可以使用昆蟲果凍補給水分，食物方面則可餵食倉鼠或天竺鼠的飼料。

因為屬於卵胎生，若是將雄蟲和雌蟲養在一起，一不留神就會生出很多小蟑螂。幼蟲和成蟲以相同的方法飼養即可，由於沒有捕食同類的習性，因此不需要特別隔離，一起群養也沒關係。🦂

萬聖節發聲蟑螂 *Elliptorhina javanica*

擬態猶如螞蟻的 美麗蟑螂

黃緣擬截尾蠊

≫ 學名：*Hemithyrsocera histrio* ≫ 體型：2cm ≫ 分布：印尼、馬來西亞

棲息於森林的蟑螂，生活在落葉層或草木生長茂盛之處。幼蟲時期全長只有2mm左右，非常微小的外觀宛如螞蟻。一小步一小步移動的模樣也像搬運食物的螞蟻，在食物四周來來回回忙碌的樣子，令人不知不覺就看得入迷。而

這些外觀和動作，能夠在脆弱的小小幼蟲時期，偽裝成具有攻擊性與集團防禦力的螞蟻，以此迴避捕食者的攻擊。蟑螂也會藉由不斷蛻皮成長，這種蟑螂長至超過6mm的時候，外型開始迥異於幼蟲時期的螞蟻外觀，變化成一般蟑螂的體型。從

蟲蟲飼育
Feeding
昆蟲
Insets
節肢動物
Arthropods
其他
Others

這個時期開始，動作也和幼蟲不一樣，就像最普通的蟑螂一般（稍微具有令人討厭的感覺）。成蟲長出的黑色翅膀上，有著亮眼的半圓形的黃色花紋，這種無法從幼蟲外觀產生聯想的色彩變化，也是本種的一大魅力。

||| 取得與飼養方式 |||

　　由於美麗的外觀，使得這種蟑螂在愛好者之間身價較高。飼養方面有幾點必須注意的事項，難度稍微高一點。喜歡乾淨的環境，容器內的糞便或食物殘渣等不乾淨的東西若是沒有完全清除，可能會導致突然間全部死亡的狀況，因此勤於打掃十分重要。雖然提到蟑螂就會聯想到骯髒的環境，但是像本種這樣原生棲地在山野的蟑螂，意外地大多喜好潔淨之處。本種即使在幼體期，也能毫無困難的攀爬表面光滑的塑膠容器，因此，建議在飼養箱邊緣塗抹一圈凡士林或碳酸鈣粉。如此一來，即使爬到容器上方也會打滑而無法繼續攀爬，可以防止蟑螂脫逃。順帶一提，長至成蟲之後會經常飛行，這個特點也要注意。屬於雜食性，不管是昆蟲果凍或混合飼料，什麼都喜歡吃。

幼蟲

像芝麻粒一樣的　超迷你蟑螂

穴蜚蠊科
蝨蠊屬

》學名：*Nocticola* spp.　》體型：3～5mm　》分布：非洲、亞洲、澳洲

即使外觀像芝麻粒一樣小，仍是屬於蟑螂的同類。蝨蠊屬目前已知有22個物種（尚有許多未記載的種類，想必今後還會持續增加），不管哪一種體型都只有非常微小的數mm左右，肉眼只能看出形狀，如果沒有透過顯微鏡或微距攝影就無法看清楚細部。其中也有居住在蟻巢內，和螞蟻一起共生，屬於喜蟻性昆蟲的品種。日本也有蝨蠊屬棲息，可以在琉球列島的洞窟中找到，代表性的國產物種為「洞穴蝨蠊 *Nocticola uenoi uenoi*」。其他還有近年來發現的「喜界島蝨蠊 *Nocticola uenoi kikaiensis*」、「宮古島蠊 *Nocticola uenoi miyakoensis*」等。不管哪一種遷移性都很低，僅分布在局部區域，因為土地開發導致棲息數量減少，其中有些已被登錄於日本的「瀕危物種紅皮書」上。

正如其穴蜚蠊科的名稱，蝨蠊喜好洞穴等濕度高，且稍微陰暗的地方。雄性會長出短短的翅膀，雌性則不長翅膀，極少數品種的部分雄性會長出可以飛翔的較長翅膀。推測是因為此物種的移動性很低，為了避免同類之間長期近親交配，因而出現能夠飛行的雄性，好與其他群體保存多樣性的遺傳因子。繁殖型態為卵生，會產下小小的卵鞘，1個卵鞘可以生出4至6隻左右的幼蟲，出生的幼蟲非常小，幾乎不及成蟲的一半。

取得與飼養方式

即使是這麼微小的生物，還是有人當成寵物來飼養。取得的方法主要是靠自行採集捕捉，也有極少數的專賣店在販售。

由於體型非常迷你，只要一點點縫隙就會逃出，建議使用「fruit fly shutter」之類，附蓋構造且密閉性高的

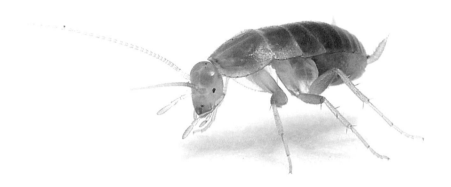

塑膠飼養箱,或蓋子通氣孔比蟲體還小的保鮮盒等。底材可鋪上厚厚一層仍殘留葉子形狀的腐葉土,或混合水苔的園藝用土等。蟋蟀無法適應乾燥的環境,需要保持一定的濕度。在底材表層鋪上落葉等物,不但可以加強保濕效果,亦可作為蟋蟀的遮蔽物,是很不錯的方式。以噴水器加濕底材時請特別留意,水滴的表面張力會吸住蟋蟀,造成溺水。如果在壁面等處形成了較大的水滴,務必以面紙拭去!食物方面沒有特別的喜好,可以使用各式各樣的食材餵食,比起固體的人工飼料,粉狀的飼料(熱帶魚用的薄片飼料等)更為適合。因為食量不大,應特別注意避免過度餵食。食物殘渣會產生黴菌,導致環境惡化,可能演變成集體死亡的情況,因此,殘餘食物請盡快清理乾淨。正因為是十分微小的生物,對於環境的變化亦顯得特別脆弱。🐾

怎麼看　都像是鼠婦！

黑褐圓蠊

≫ 學名：*Trichoblatta nigra*　≫ 體型：2.5～3cm　≫ 分布：日本（西南諸島）

黑褐圓蠊的外觀和棲息於日本的鼠婦相似，也是屬於很有型的蟑螂。由於相貌獨特，因此不會引起人們面對蟑螂時既定特有的厭惡感。若蟲時期，雌、雄皆可蜷縮成圓球狀，長至成蟲後，雄性會長出翅膀，演變成接近一般蟑螂的外觀。而雌性即使成蟲，外觀也與若蟲時期沒有什麼差別，一樣可以蜷縮成圓形。將身體蜷縮成球的原因與鼠婦相同，皆是為了保護自己。

日本還棲息著另一個近緣種「矮小圓蠊*Trichoblatta pygmaea*」，分布在九州

佐多岬的西南諸島，生活方式幾乎和黑褐圓蠊相同，唯一的差異之處是體型較小。矮小圓蠊分布的區域較廣，發現的機率也高。這類蟑螂的棲息地都是森林，潛藏在樹皮中或石頭下生活。屬於群居的昆蟲，只要發現一隻，就能在附近發現其他同伴。移動性不強，動作卻意外的敏捷，可以藉由觀察其行走方式，重新認知蟑螂的另一面。

雄性的黑褐圓蠊會長出翅膀，這是為了確保找出雌性的機動性。比起雌性，發現雄性的機會比較少，且成蟲交配之後會馬上死亡，生命非常短暫。為卵胎生，雌蟲一次可以生出數十隻的小蟑螂。在泰國或緬甸等東南亞諸國，也存在好幾種外觀機乎沒有差別的近緣種。

|||取得與飼養方式|||

因為奇特的外觀而相當具有人氣，被當成寵物流通，但是流通量並不多。相較之下，看見矮小圓蠊的機會比較多，市面上流通的黑褐圓蠊大多是雌蟲。食物方面沒有特別喜好，通常是餵食人工飼料。人工飼養的情況下很少出現雄性，雖然不容易取得雄性與雌性一起飼養，但是在野外抓到繁殖個體黑褐圓蠊（在野生狀態下，已交配產生卵或幼體寄生於腹部的成體）的機率卻不低，這種情況會導致突然在飼養箱中生產幼蟲。黑褐圓蠊會攀爬壁面，飼養容器的蓋子最好沒有間隙，或是在容器上緣塗抹凡士林、碳酸鈣，以避免往上爬行而脫逃。

矮小圓蠊

緬甸產黑褐圓蠊

黑白點點花紋的 圓盤

印度多米諾蟑螂

》學名：*Therea petiveriana* 》體型：3～3.5cm 》分布：印度

另 以別稱「七星蟑螂」聞名於世，同樣是蟑螂外貌協會的一員，在蟑螂之中是較為原始未進化的物種，屬於隆背蜚蠊科。若蟲時期是不起眼的咖啡色，成蟲之後，會擁有黑底白點的鮮明外觀。雌性身型較雄性厚實，尺寸也大上一圈。繁殖型態為卵生，會生產卵鞘，一個卵鞘可以孵化出數隻到數十隻的幼蟲。因為是原始物種的蟑螂，卵鞘孵育的時間比起其他品種更長，至孵化為止需要數個月。幼蟲的成長時間也長，包含卵鞘時期在內，長至成蟲為止約需一年左右。近緣種有「問號蟑螂 *Therea olegrandjeani*」、「橘斑多米諾蟑螂 *Therea regularis*」等。問號蟑螂雙翅上的圖案看起來就像「？」符號，因而得名。橘斑多米諾蟑螂的圓點則非白色，而是橘色。這幾個品種都原生於印度，生態習性也很相似。

|||取得與飼養方式|||

外型漂亮，因此是具有高人氣的觀賞用蟑螂，在專賣店常有機會看見。原本只要提到「多米諾蟑螂」就是指本品種，但是後來在市面上流通的「多米諾蟑螂」幾乎都是問號蟑螂了。底材可以使用腐葉土或園藝用土。若蟲期喜好鑽入土裡生活，因此底材需要具備一定的厚度。成蟲之後，雄性比較會在接近地表處來回，雌性大多時候仍是潛藏在底材下。不耐乾燥，底材需要維持一定的濕度。由於食性很廣泛，可以很方便地餵食烏龜飼料或熱帶魚用的人工飼料。若是將雌、雄混養，不知不覺就會交配產卵。不妨將產下的卵鞘移到別的容器，較能提高孵化率。可以交配的成蟲數量很多時，若是放著不管，可能不知不覺中，底材就被大量的卵鞘填滿了。想要步入累代繁殖的循環軌道或許需要花費一點時間，但是隨著大量的幼蟲一起羽化成蟲，就能體會到飼育的醍醐味。若蟲時期雖然無法攀登壁面，但成蟲之後卻可以，因此飼養箱的防脫逃對策仍是必要的。所幸這個物種的動作不快，容易抓取。飼養本身並不難，有興趣的人請務必試著挑戰看看。❷

問號蟑螂

橘斑多米諾蟑螂

全世界最具分量的 重量級蟑螂

犀牛蟑螂

》學名：*Macropanesthia rhinoceros* 》體型：8cm 》分布：澳洲

光 靠一張照片，有多少人能一眼看出牠是蟑螂的一種呢？大多數的人應該都會以為是獨角仙或艷金龜等甲蟲的同類吧。犀牛蟑螂的外觀正如其名，全身宛如披著一層鎧甲。羽化成蟲也不會長出翅膀，而且動作很緩慢，和蟑螂敏捷的形象相距甚遠。其巨大的體型不只是對同科目的蜚蠊而言，即使在昆蟲之中也算是很有分量，重量也相當超群，約有35g。

不只如此，特異分子犀牛蟑螂的生活

方式也很特殊，像鼴鼠一樣穴居於地底，挖築巢穴生活。此外，還具有蜜蜂或螞蟻的社會性生態，雌、雄會一起撫育幼蟲。本種的棲息地澳洲，有許多其他地區生物所沒有的不可思議外觀或成體，犀牛蟑螂也是在這個環境下演變的生物之一。

||||取得與飼養方式||||

因其獨特的外觀和生態，在寵蟲愛好者中頗有人氣。即使是嫌惡蟑螂的人，大多也因為犀牛蟑螂感覺相似獨角仙而不討厭牠。很難得在寵物專賣店中看到，因此以寵物昆蟲而言身價相當高。以落葉為食，特別喜好無尾熊愛吃而知名的尤加利葉。犀牛蟑螂的壽命非常長，曾經有存活10年以上的紀錄。屬於卵胎生，因此會直接生出小蟑螂。🐞

令人驚訝的 巨大廁所蟋蟀

突灶螽

》學名：*Diestrammena japonica* 》體型：3～5cm（展足6～8cm）

》分布：日本（北海道、本州、四國、九州）

如 蚰蜒、蟑螂等令人討厭的代表性奇蟲可說是五花八門，突灶螽也是經常提到的例子之一。具有長長的腳和觸鬚，成蟲也不會長出翅膀的不快外觀，

一口氣跳得又高又遠的跳躍力，一舉一動似乎都充滿惹人嫌的要素。何況灶馬類還喜歡陰暗潮濕的場所，白天大多集體群聚於洞穴或樹洞裡。雖然是個人經驗，但

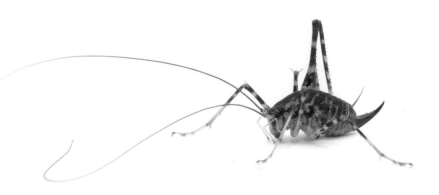

筆者曾經在大阪的某個洞穴中看過一幅驚人的光景，洞頂密密麻麻擠滿突灶螽和大蚰蜒的情景，讓我不由自主的發出驚叫。就連對這些昆蟲見怪不怪的我都被嚇到，若是討厭蟲子的人看到那個場景，我想應該會崩潰。回到正題，灶馬的名字由來，是因為古時候在房子裡的陰暗土灶周圍發現這個物種，而長腳跳躍的模樣又讓人聯想到馬匹奔騰，因而得名。灶馬是 *Diestrammena apicalis* 這個物種的總稱，包含同屬種的近緣物種幾乎都以「灶馬」稱呼。除了正式的名稱之外，在日本另有「廁所蟋蟀」這個廣為人知的別名，因為確實經常在山裡的公園公共廁所，或鄉村的廁所發現灶馬的蹤跡。

灶馬種類很多，以外觀很難判定屬於哪一個品種，但是可以根據所在地區判斷棲息的種類。本種突灶螽在灶馬類中屬於相當大型的品種，根據棲息地區的不同，體型尺寸也略有差異，外觀正如斑灶馬的俗名，身上布滿不規則的黑色斑紋。

出乎意料的是，這種昆蟲在周遭就能發現，夜間可在附近的公園或林子裡找到。夏秋之間可以看到成蟲的蹤跡。屬於雜食性，從樹液、落葉到小型昆蟲等，食性多元。繁殖時期不規則，整年都可以進行。從卵到成蟲為止，壽命約2年左右。

取得與飼養方式

飼養時盡可能使用既寬又高的飼養箱，整體明亮的環境會讓突灶螽焦躁不安，因此其中一半要蓋上軟木板或放上紙製的雞蛋盒，製造出陰暗的區域。如果缺少安心隱蔽之處，灶馬會不斷跳躍而撞到牆壁死亡。喜好濕度較高的環境，底材使用可以保持濕度的園藝用土或腐葉土等，並鋪上落葉為宜。由於環境多濕，通風不佳的飼養箱可能會出現被悶死的狀況，因此要特別注意密閉程度。

飼料方面沒有特別喜好，什麼都可以吃：水果、貓食、昆蟲果凍等，不妨試著提供多樣化的各種食物。雖然尚未在人工飼養下出現繁殖的例子，但是在保鮮盒裡鋪上厚厚的一層土，再放入朽木，說不定有機會產卵。這個物種大量群聚的時候，會令人產生稍微不舒服的感覺，但試著觀察獨立的個體，可以意外觀察到牠可愛的臉，生活方式也很有意思，試著飼養看看說不定會很有趣！

水陸兩棲　鼴鼠般的昆蟲

東方螻蛄

》學名：*Gryllotalpa orientalis* 》體型：3cm 》分布：日本

「螻蛄」算是知名度相當高的昆蟲，小時候若是作過昆蟲採集的活動，想必都曾看過牠。最大的特徵就是會以粗壯堅硬猶如釘耙的前足，在地下挖掘巢穴生活，主要發現地點為農田。生活在地下的螻蛄，為了避開沾附身體表面的髒污，體表密生著讓土壤粒子無

法附著的短毛，著名的地底動物鼴鼠同樣也有這個特徵。以蚯蚓之類的土壤生物為主食，這點也和鼴鼠一樣，此外，螻蛄也會啃食植物的根或種子等，食物種類十分廣泛。

　　姑且不論這一身地下專用特化而成的生理構造，實際上，螻蛄具備了在任

何環境都能生存的高機能性。因為地底生活而演化出的密集短毛，不只可以彈開土壤，亦能防水，因此螻蛄可以浮在水面，並且使用前足像蹼一樣游泳！此外，張開翅膀還能飛翔，是不受陸水空限制，感覺很萬能的一種昆蟲。

話說回來，乍看之下似乎沒有什麼與螻蛄相似的物種，實際上卻是蟋蟀的同類。和蟋蟀相同，雄性螻蛄會摩擦翅膀發出聲音，這個聲音是十分具有特色的連續低音「唧………」，聽起來就像電燈打開時的聲音。初夏至盛夏常常可以聽到，根據區域不同音色略有差異，有的人還以為是「蚯蚓的聲音」。蚯蚓當然沒有發聲器官，那是來自螻蛄的聲音。

雖然很少有機會可以看到螻蛄，其實透天厝附近大多可以找到，也許此刻正有螻蛄悄悄地生活在你家附近的地下呢！ ⬛

惡靈般的 肉食蟋蟀

怪物旱地沙螽

》學名：*Sia ferox* 》體型：8cm 》分布：印尼

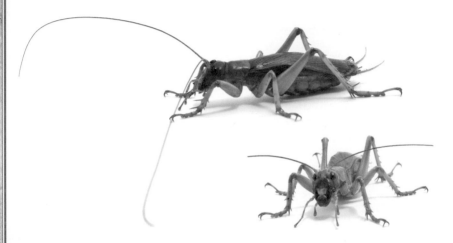

在日本以「Riokku」之名廣為人知的怪物旱地沙螽，由於在一系列與各式昆蟲決戰的企劃影片中，無論對手是凶惡的大虎頭蜂，還是醜惡避日蛛等與之並列的凶暴昆蟲，全都迅速捕獲且大口吞吃下肚。因為這些極具衝擊性的畫面實在是深植人心，本種沙螽便有了「最強的昆蟲」、「印尼的惡靈」等稱號並且聲名大噪。外觀就像日本的蟋蟀，但體型卻令其他同類難望其項背，從頭部至尾端可長達8cm左右。強韌的下顎非常發達，食性為徹底的肉食性，即使是比自己大型的昆蟲也能毫無畏懼地捕食。其食欲不只針對獵物，雌性在交配完成之後，也會吃掉同種的雄性。

棲息地在海拔稍高之處，目前發現的數量很少。本種大多過著隱蔽的生活，看到的機會很少。✍

連鳥類也能吃下肚的　最大蜘蛛

巨人食鳥蛛

≫ 學名：*Theraphosa blondi*　≫ 體型：12㎝（展足25cm）
≫ 分布：委內瑞拉、巴西、蓋亞那

這 是獲得金氏世界紀錄認定，世界上已知最大的大蘭多毛蛛。英文名稱Goliath Bird Eating Spider中的歌利亞則是出自於《聖經》中的歌利亞巨人，正因

為此蜘蛛體格十分巨大，因而冠以其名。野生的巨人食鳥蛛除了捕捉昆蟲，也會憑藉其巨大的體型捕食小型哺乳類或鳥類作為食物，食鳥蛛（Birdeater）之名也由

委內瑞拉巨人食鳥蛛／Pinkfoot Goliath Tarantula

歌利亞巨人食鳥蛛（幼體）

此而來。英文通稱為大蘭多（Tarantula，亦稱毛蜘蛛）的品種，在蜘蛛中是屬於非常粗暴貪欲，接觸到的任何生物皆會視為食物，另一方面，無法當成食物的大型生物則視為敵人。

　　以巨人食鳥蛛為名的大蘭多，除本種外還有其他2種，分別是勃根地巨人食鳥蛛 *Theraphosa stirmi*，和委內瑞拉巨人食鳥蛛 *Theraphosa apophysis*。為了和這兩個物種有所區別，也會直接以這個物種的學名blondi稱呼，台灣市場則多以「亞馬遜食鳥蛛」之名流通。在大蘭多蜘蛛的愛好者之間，不時會出現爭論三者之中誰才是最大的蜘蛛，雖然目前尚未定論。但不管怎樣，這三種蜘蛛的體型肯定都是超乎常規的大尺寸，這點是無庸置疑的。

||| 取得與飼養方式 |||

　　這些世界上最大的大蘭多毛蛛，都有機會在寵物店見到。在兼營昆蟲、節肢動物的爬蟲類專賣店也有很大的機會買到，在店裡可以獲得許多飼養方面的建議，有助於想要飼養的人。無論哪個品種皆愛好多濕高溫的環境，最適合的飼養溫度為25～28℃。尤其幼體時期特別無法適應低溫乾燥的環境，在不適合的環境下可能會發生瞬間死亡的情況，需要特別注意。但是牠們也不喜歡悶熱的環境，因此不可使用密封容器，以具有一定通風程度的飼養箱為佳。大蘭多毛蛛食量驚人且餵食餌料也很大，雖然飼養起來很有趣，但正如

勃根地巨人食鳥蛛

前述，性情粗暴，不僅攻擊性強，動作也很迅速，因此不推薦新手作為入門款。若是已經熟悉其他捕鳥蛛科習性的愛好者，則很推薦飼養。此外要注意的是，巨人食鳥蛛及其同類的腹部會長出細細的螫毛（纖毛），並藉由踢散至四周的行為來自我防禦，這是許多大蘭多科屬皆有的共通行為，其中又以巨人食鳥蛛最為激烈。微小的螫毛一根一根肉眼幾乎看不到，若是將前端放大來看，魚叉般的構造會刺激接觸對象的皮膚或黏膜。事實上，筆者也有幾次沾染到螫毛的經驗，皮膚會非常刺癢。螫毛沒有毒，只是單純因為構造刺激引起的生理反應，皮膚敏感的人會紅腫好幾天。幸好大多數的症狀過幾個小時就會消失，以水沖洗也可以盡早恢復。根據個人體質不同，引起的反應嚴重程度也有所差異，建議肌膚敏感的人還是避免飼養為宜。

巨人食鳥蛛（成體）

威嚇時的模樣

閃耀著 藍寶石光芒的 藍色蜘蛛

巴西大藍蛛

》學名：*Pterinopelma sazimai* 》體型：6cm（展足10cm） 》分布：巴西（巴伊亞州）

巴西大藍蛛

顏色非常漂亮的大蘭多蜘蛛有好幾種，其中又以藍色為主的品種最引人矚目，在寵物市場中也有很高的人氣。在藍色的大蘭多蜘蛛當中，巴西大藍蛛是2011年於巴西東北部的巴伊亞州發現，並確認記載為新物種。Sazima這個奇怪的發音，來自巴西動物學家Ivan Sazima的名字。由於開發森林的濫墾濫伐，導致棲息數量銳減，如今這個品種已絕跡於巴伊亞州稱為桌山的高山地區。

||| 取得與飼養方式 |||

市面流通初期是非常高價的蜘蛛，在確定可以繁殖之後，如今已較容易入手，可以在寵物店等處看到並且販售。市面上販售的大多是體色不起眼的幼體，尚未顯現成體那樣的藍色，經過多次成長蛻皮，才會慢慢蛻變成美麗的藍色。

飼養並不困難的品種，依照一般地棲大蘭多蜘蛛飼養的方式就可以。適合的飼養溫度為24～28℃左右，喜好稍微潮濕的環境，偶爾在飼養箱裡噴水霧保持一定的濕度即可。使用生物飼料專用蟑螂等活體作為飼料。若是猶如芝麻粒大小的幼體期，可先將蟑螂的腳折斷限制其行動，再給小蜘蛛吃比較安全。成體之後可以直接放入水盆。幼體若是掉入水盆很可能會溺斃，因此給水方式以噴水器噴濕底材為宜。🕸

≫ **其他藍色的大藍多蜘蛛**

1 索科特拉藍巴布／夢幻巴布　2 泰國金屬藍　3 新加坡藍　4 藍寶石華麗雨林

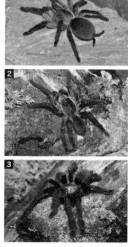

角的功能 是什麼?

直角巴布

》學名：*Ceratogyrus marshalli* 》體型：8㎝（展足18cm） 》分布：辛巴威、莫三比克

大蘭多蜘蛛中有著許多奇怪生物的代表性選手，其中甚至有背上長「角」的奇特外貌族群，也就是稱為角巴布的大蘭多蜘蛛們，目前已知數個具有此特徵的品種。這個屬種的大蘭多蜘蛛，在正面的頭胸部中央處有個突起物，看起來就像角一樣。性別和品種決定了有無這個角，雌性幾乎都有，雄性則是有的品種有，

有的沒有。角的形狀和高度也會隨著品種的不同，有著各式各樣的變化，有趣的是，即使是同一個品種，角的方向和高度也存在個體差異。由於這種蜘蛛的生活習性是挖洞穴居於地下，因此角的生長方向，說不定是配合巢穴的形狀而改變。

重點是，關於這個角究竟是為了什麼需求而存在，是否有什麼理由，目前仍然

未知，研究者們眾說紛紜尚無定論。直角巴布也是角巴布的其中一種，具有比較筆直明顯的角。

||| 取得與飼養方式 |||

基本上都潛藏在巢穴裡，不常出現在地面上。性格非常凶惡，會出現從巢中暴衝出來撲咬的行為。雖然體型很大，動作卻非常迅速，讓人不禁覺得，其實根本沒必要藏在地裡也可以存活。

和其他大蘭多蜘蛛一樣，作為寵物流通於市，飼養時只要留意底材濕度，難度並不太高。野生採集進口的蜘蛛大多很瘦，開始飼養後請直接提供大量飲水。若是底材鋪得不夠厚，蜘蛛會在挖掘洞穴後，吐絲纏繞洞口四周，成為光看外觀不知道養了什麼生物的狀態。而且在這個狀態之下，無法判斷蜘蛛什麼時候會從洞穴中竄出，照顧時要十分注意。但是對大蘭多蜘蛛來說，這個環境卻會令牠們感到相當安心，對於不在意外觀的人而言，說不定是個好選擇。

以知名搖滾 音樂家命名的 蟑螂獵手

大衛鮑伊巨蟹蛛

≫ 學名：*Heteropoda davidbowie* ≫ 體型：3～5cm（展足6～8cm）

≫ 分布：馬來西亞、新加坡、蘇門答臘

以 蟑螂獵手身分活躍於人們住處的白額高腳蛛有很多近緣種，分布範圍十分廣泛，從亞洲到澳洲都有。尤其在東南亞更是可以看到五花八門的種類，相較於日本原生的高腳蛛屬種，色彩大多更加豐富華麗，尚未列入記載的品種也很多，想必今後還會持續增加新種類。大衛鮑伊巨蟹蛛也是2008年才確認的品種，最初是在馬來西亞的金馬崙高原發現。這個蜘蛛的種小名davidbowie，來自英國的著名歌手、演員David Bowie。因為命名者是大衛・鮑伊的粉絲，便在命名時選用了他的名字。以命名者尊敬的人物為新物種命名，稱為獻名。蜘蛛中還有很多品種也是以著名歌手或藝術家命名。

　　大衛鮑伊巨蟹蛛全身的體色都是橘

雄性

產自馬來西亞金馬崙高原

雌性

色,但雌、雄色調略有差異。雄性看起來更顯鮮亮華麗,雌性的顏色與其說是橘色,其實更接近灰色。體型尺寸也不一樣,雄性比起雌性稍微小一點。與棲息於日本的高腳蜘蛛同屬,皆以昆蟲為主食,經常攀附在林間的樹皮上。

||||取得與飼養方式||||

　　大衛鮑伊巨蟹蛛由於華麗鮮豔的顏色而被當成寵物(市場流通名為馬來西亞橙色獵人),但是在日本國內不容易找到。右時機湊巧,野外捕獲的雌蜘蛛有很大的機會帶著卵囊。國外已經可以在人工飼養的情況下繁殖,並且可以在專賣店買到,價格也不會太高。

　　飼養方面請準備具有一定高度的飼養箱。由於蜘蛛會倒掛著進行蛻皮,若是從頂板到底部的高度不夠,蜘蛛很容易蛻皮不完全。節肢動物如果蛻皮不完全將會致死,需要特別注意。飼養箱內最好放置立起以供攀爬的樹皮或漂流木。不耐乾燥,底材的園藝用土請務必保持濕潤。剛開始飼養的蜘蛛不會使用水盆飲水,請在箱內放入人造花,以噴水器製造出水滴即可。箱內要經常保持一定的濕度,營造出適合生存的環境,一天至少以噴水器整體噴水一次為佳。飼養溫度要保持在25~28℃,保溫的方法可以在飼養箱側面貼上寵物用加熱墊。基本上對於不會動的生物沒有反應,因此需餵食蟋蟀或飼料用蟑螂等活體生物。🕷

屁股宛如盾牌的 奇特蜘蛛

里氏盤腹蛛

》》學名：*Cyclocosmia ricketti*　》》體型：2～4cm（展足4～6cm）
》》分布：中國東南部、中南半島

里氏盤腹蛛擁有不可思議的外觀，與習慣在地面挖洞作巢穴的螲蟷科為近緣種。這兩個科屬的蜘蛛，會在隧道狀的地下巢穴入口作出活動式的門蓋，當獵物靠近通道時就打開門蓋捕食，相當有趣的生態。螲蟷總科的物種廣泛分布於世界各地，非洲大陸上也棲息著一種全身紅色，名為「紅活板門蛛Red Trapdoor」的大型品種，日本則有好幾種相當小型的品種。而里氏盤腹蛛和其他螲蟷差別最大的特徵，就是其外觀。腹部尾端有一個宛如被切斷的、斷面平整的構造，堅硬的斷面上還有著印章般的複雜花紋，因此在中港台又被暱稱為朱元璋（蛛圓章）。盤腹蛛也有許多不同種類，根據品種不同，腹部形狀與花紋也有差異。

這個奇怪形狀的圓盾狀構造究竟有什麼功能呢？想必許多人都有這個疑問。以用途而言，里氏盤腹蛛遭受天敵襲擊時，會用堅硬的圓盾擋住洞口，以此抵禦天敵的攻擊，因此也有人稱呼牠們為「蓋子蜘蛛」。和身體其他部位相比，尾端部分的確相對堅硬，可以當成盾牌保護身體。

||||取得與飼養方式||||

里氏盤腹蛛被當成珍貴的寵物流通於市，也可以人工飼養。人工飼養的里氏盤腹蛛在國外也有繁殖成功的實例。為了符合這種蜘蛛挖掘深長地穴的習性，最好使用長方形且具有深度的飼養箱。只要是具有蓋子的容器都適用，因此將存放義

大利麵的保鮮盒加工一下，說不定會是很有趣的飼養箱。不耐乾燥，喜好潮濕的環境，需要將底材確實噴濕，底材選用黑土或園藝用土皆可。基本上，當蜘蛛挖好巢穴之後，飼養箱內就會呈現只有泥土的狀態，很難得可以看到蜘蛛。

可使用蟋蟀或飼料用蟑螂餵食，雖然也有立刻從巢穴奔出捕食的情況，但通常是在人類看不到的夜間才會進食。放入食物隔天如果還有殘渣在容器裡，最好取出來。給水方面，為了不讓底材表面乾燥，要記得以噴水器噴水打濕。也可以放入水盆，不過，這麼作也無法看到蜘蛛飲水的姿態，因此個人覺得沒有必要。不只是平常的吃喝拉撒，就連蛻皮也是在巢穴中進行，但有些個體會將蛻殼丟在巢穴外。

飼養里氏盤腹蛛沒有特別困難的地方，基本上牠都潛藏在巢穴裡生活，由於不需要飼養者頻繁地照顧，也因此經常發生忘記給水造成蜘蛛死亡的事件。此外，排泄也是在巢穴中進行，長久放置不管會造成土壤惡化，也可能造成蜘蛛死亡。最好每隔幾個月徹底清理一次，將容器內的底材全部換過。這也是確認蜘蛛狀態和外觀的最好時機，不妨趁這個時候一窺究竟吧！

猶如海象的 大長牙

溝紋硬皮地蛛

≫ 學名：*Calommata signata* ≫ 體型：2cm ≫ 分布：日本（本州・四國・九州）

雖 然是不容易見到的蜘蛛，卻潛藏在生活環境的四周繁衍生息。會在農田、草地或庭園等稍微乾燥的土地，挖掘10～30cm的長型巢穴，並且以巨牙般的顎肢刺穿捕捉穿過通道的小型昆蟲，拖入巢穴食用。和生態相近的螲蟷科差異之處，就是不會在穴口製作門蓋。只有雌蜘蛛具有鮮明的大牙特徵，而雌性和雄性迥異的外觀，簡直讓人以為是兩種不同的生物。雄蜘蛛的步足比較細長，而且沒有雌蜘蛛的大牙。進

雄性

入繁殖期時，雄性會在地面徘徊尋找雌蜘蛛，除此之外，能夠看到雄蜘蛛的機會十分稀少。雌性孵化的蜘蛛幼蟲，會隨風飄向四處，以此方式移動。

溝紋硬皮地蛛在台灣的正式名稱為痣硬皮地蛛，日文名稱的漢字則是寫作「勿忘蜘蛛」。名稱的由來是因為，在最初發現並確定這個物種之後的數十年間，再也沒有發現這種蜘蛛的蹤跡，第二次發現時，根據命名者岸田久吉博士「不要忘記」的心願而得名。勿忘蜘蛛近年因為土地開發的關係，棲息地日漸減少。

||| 取得與飼養方式 |||

飼養方面，使用黑土或園藝用土混合的底材為佳。這種蜘蛛會挖出狹長且具有深度的洞穴，因此，很合適選用具有高度的義大利麵保鮮盒當成飼養箱。雌蜘蛛的壽命非常長，在動物園的飼養紀錄中曾經有高達15年壽命者。窗

潛伏在巢穴中的模樣

外觀看起來 完全就是鳥糞的模樣

鳥糞蛛

≫學名：*Cyrtarachne bufo* ≫體型：雄性3mm／雌性1cm ≫分布：日本（本州中部以南）

正　如其名，如鳥糞一樣的外觀就是牠最大的特色。鳥類的糞便因為含有尿酸，因此會出現黑、白、黃交雜的斑紋。本種蜘蛛的身體上也有白色斑紋，

獨特的光澤與質感呈現出與鳥糞很相似的顏色和形狀。善用這樣的外觀特性，可以藉由擬態成功降低外敵的興趣。還有一種說法是，這個容易與鳥糞混淆的外觀，

可以吸引果蠅或蝴蝶停留而趁機捕食。但是經由夜間觀察屬於夜行性的鳥糞蛛後，發現牠們會在進入黑夜後吐絲編織網巢，伺機捕捉獵物。因此已經確定，擬態行為並不是為了捕食。

　　包括鳥糞蛛在內，日本的「鳥糞蛛屬」計有5個物種，親緣、型態都很接近的「坂口瓢蛛」瓢蛛屬則有3個物種。鳥糞蛛與近緣種的長崎鳥糞蛛等品種，會如前所述的擬態鳥糞，而其他鳥糞蛛屬的物種有的會發出惡臭臭藉此自我保護，或是以瓢蟲般的色彩擬態，讓捕食者敬而遠之。此外，大鳥糞蛛倒三角形的腹部亦形似螳螂的頭，或許也是為了困惑捕食者的擬態。

　　鳥糞蛛的蛛網織法也不太一樣，並非蛛絲縱橫密集的八卦網。鬆鬆排列的橫向黏絲上，有著一顆顆小小的黏滴，當獵物沾黏住之後，鳥糞蛛會將黏絲的一端切斷，使獵物呈現垂直吊掛的狀態。鳥糞蛛沿著垂直的蛛絲靠近獵物後，再享用被橫線纏繞而懸空的獵物。不可思議的是，若蛛時期並不會織網捕捉獵物，而是靠近獵物直接捕食。像這種幼蟲和成蟲時期捕食行為不同的蜘蛛，十分罕見。

　　相較於養殖數量較多、比較常見的寵物蜘蛛，若想要與眾不同，不妨試著飼養習性奇特的鳥糞蛛吧！

身上布滿剛毛的　　沙漠蠍子

亞利桑那沙漠金蠍

≫ 學名：*Hadrurus arizonensis* ≫ 體型：10㎝ ≫ 分布：美國、墨西哥

整體呈黃色，只有腹部是黑色。從身體比例來看，尾巴特別粗壯，完全與印象中的蠍子形象一模一樣。別名巨型沙漠金蠍Giant hairy scorpion，是北美洲蠍子中最大的品種，Hairy是毛茸茸的意思，身體正如其名覆滿細毛，這是蠍子的感覺器官，可以藉此感受空氣的流動和振動。棲息於乾燥的草原或沙漠，一般都是在石頭下方挖掘洞穴，生活於地底深處。

‖‖‖ 取得與飼養方式 ‖‖‖

這是屬於乾燥類型的入門蠍種，也是專賣店中常見的品種。飼養時，最好盡

量保持高溫（30～35℃），偏愛乾燥的環境，不喜歡悶熱。雖然是生命強健好飼養的物種，但容易死於悶熱多濕的環境，需要特別注意。不常補給水分，只要在飼養箱中放入不至於溺水的小型水碟即可。在箱內鋪上厚厚的乾燥沙子，就可以享受觀察蠍子在野外時挖洞潛藏的原始行為。這時，最下方的底材稍微打濕為宜。食物使用蟋蟀或飼料用蟑螂，餵食頻率大約是1週1次。若是過度餵食以致於超過蠍子可以負荷的上限，會導致消化不良等症狀，此時出現任何小情況都很可能致死，需要特別注意。

　　雖然是寵物市場流通量大的蠍子，在人工飼養下卻很少有繁殖成功的案例，至於捕捉到野生已交配受孕，抱卵中繁殖個體的例子雖然不多，但仍時有耳聞。由於棲息在冷暖溫差很大的環境，因此據說在經過氣溫急劇變化，或一天日照時間長短的改變的冬化期之後，才會出現交配繁殖的契機。身體腹部有著稱為櫛狀器的構造，可以根據櫛狀器的尺寸和寬度來分辨雌雄。雄蠍的櫛狀器比較大且寬，相較之下，雌蠍的櫛狀器比較窄而小。這個標準適用於分辨所有蠍子的性別，不僅限於這個品種。

　　亞利桑那沙漠金蠍性情粗暴、攻擊性非常高，加上動作迅速，需要特別小心。雖然外表看起來好像一被刺傷就會致死，

養育幼蠍中的模樣

事實上卻屬於弱毒種，即使被刺到也不容易有生命危險。然而，所有具備毒性的生物（不限於本種），對每個人造成的影響都不同，也有可能會很嚴重，因此，照顧蠍子時請務必小心謹慎。徒手抓取是絕對必須避免的動作，請使用長一點的鑷子拿取。飼養其他品種的蠍子時，也同樣要遵守此注意事項，謹慎管理。

　　此外，雖然這個品種是可以飼養的蠍子，但根據特定外來物種法規的限制，具有劇毒的鉗蠍科（除了日本國產的弱毒種越南叢木蠍），是全面禁止飼養或進口的。🐾

適合入門者飼養的　最大蠍子

帝王蠍

≫ 學名：*Pandinus imperator* ≫ 體型：30cm ≫ 分布：非洲大陸西部

學 名中的種小名為「imperator＝皇帝」，日文名稱也是威嚴的大王，屬於蠍子中非常大型的品種。曾經有過全長（到尾端為止的長度）達30cm的體長紀錄，毫無疑問是世界上最大級的蠍子。具有粗大又強而有力的螯（鉗肢），看起來就十分不好惹，相較於身體部分，帶有毒針的尾巴顯得又細又短。實際捕獵時，比起使用毒針，反而是以鉗肢捕獲、夾斷獵物的情況比較多。棲息地遍布象牙海岸到剛果共和國的非洲大陸西部，喜好熱帶雨林之類的潮濕環境。一般蠍子的平

生產瞬間（亞洲雨林蠍）

幼蠍

均壽命在5到8年左右，帝王蠍的壽命比較長，曾經有過存活達到近10年的紀錄。

||||取得與飼養方式||||

　　由於外觀十分具有視覺衝擊性，因此是人氣很高的寵物蠍，日本每年都有進口。但野生數量卻日漸減少，近年原生地的環境變化導致體型大隻的蠍子數量變少，如今所見的帝王蠍大多已小一號。來自世界各地的大量需求，導致必須控制捕獲量，因而被列入華盛頓公約CITES附錄II類（國際流通時，必須有進口國和出口國的許可）。動作沒那麼迅速，毒性也低，在各種蠍子當中屬於容易上手飼養的種類，因此常是初次飼養蠍子的入門選擇。蠍毒的反應因人而異，仍有可能造成嚴重的紅腫過敏症狀，飼養照顧時請不要漫不經心的徒手處理，建議還是以鑷子慎重地夾取為宜。此外，被強而有力的螯夾到會非常痛，這點也要特別注意。❀

非洲黃爪蠍

只有一隻　就能自體繁殖！

八重山蠍

》學名：*Liocheles australasiae* 》體型：3cm 》分布：日本（八重山諸島）

提到蠍子，一般人多會以為是外來物種，實際上，日本國內也有2種原生的蠍子棲息，其中一種即為八重山蠍（亦是台灣唯一的原生種蠍子）。令人害怕的毒針是蠍子最大的特徵，但身為蠍子一員的八重山蠍，其毒針卻幾乎沒有毒

八重山蠍

越南叢木蠍

性，尺寸也非常小，甚至連刺傷人類皮膚的情況也很少，就算說牠其實無毒也不誇張。八重山蠍會潛藏在落葉下或傾倒的朽木裂縫間生活，屬於無害的生物。

八重山蠍有個不可思議的特徵，棲息在日本的蠍子群中只有雌性，沒有雄性，雌性不需要和雄性交配，即使只有一隻雌蠍也可以繁殖。這種生殖方法稱為單性生殖或孤雌生殖，在節肢動物或爬蟲類中很少見。只需要單獨的個體即可生殖的生態，對於有性生殖的人類來說非常神祕。

另一種日本原生的越南叢木蠍則有分雄性和雌性，樹棲的牠們藉由附在木材上的方式，廣泛分布於世界各地。越南叢木蠍和八重山蠍一樣毒性非常低，以小型昆蟲為食物，也很少使用毒針捕食。這兩種蠍子的性格都很溫厚，對於初次飼養蠍子的人來說，這兩種日本產蠍子說不定意外地合適。🦂

最長60 cm的 封頂傳說！

加拉巴哥巨人蜈蚣

≫ 學名：*Scolopendra galapagoensis* ≫ 體型：最大60 cm？（通常頭至尾約30 cm）
≫ 分布：加拉巴哥群島、厄瓜多、祕魯

提 到棲息於日本的大型蜈蚣，最具代表性的便是少棘蜈蚣和日本巨蜈蚣，但其實西南諸島還有更大型的品種。這些蜈蚣最大全長接近20cm，如果家裡突然出現將近20cm的蜈蚣，不管是誰都會嚇一跳吧！然而，世界上還有遠超過

這個尺寸的超大型蜈蚣存在，本篇介紹的加拉巴哥巨人蜈蚣即為世界最大級的其中一種。全長30cm以上，甚至聽說曾有全長60cm的個體紀錄，不過這也只是無法證實的傳聞。這種宛如怪物般的巨大蜈蚣，棲息地就在以生物演化聞名於世的加拉

巴哥群島，以及對岸的厄瓜多和祕魯。分布在加拉巴哥群島並以之命名的蜈蚣族群，與分布於厄瓜多、祕魯的蜈蚣族群顏色不太一樣。來自南美大陸的蜈蚣個體在市場上極為少見，身體的體色為黑色，步足上有著黑色的帶狀花紋，猶如虎斑，而加拉巴哥群島的蜈蚣則是有著長長的紅色步足。即使全長60cm的最長紀錄個體令人存疑，但本種屬於非常大型的事實仍舊不會改變。即使是市面上實際尺寸在15～20cm左右的蜈蚣，也已經是普通日本蜈蚣

兩倍以上的大小，非常有分量感。至於將近30cm的大型蜈蚣，看上去就像一條皮帶橫臥在那裡。

｜｜｜取得與飼養方式｜｜｜

一般人幾乎不會將蜈蚣當成寵物，但還是有少部分的愛好者存在。無論是以本種為首的大型蜈蚣，或體色紋路漂亮的品種，可以在專賣店找到各式各樣的蜈蚣。加拉巴哥巨人蜈蚣是其中十分稀有的品種，入手的價格也相對較高，大型個體價值10萬日圓以上也不算稀奇。那一句「最大60cm」的傳說，讓飼養者擁有了浪漫的憧憬，於是價格也隨著那個夢想一起水漲船高，或許就是造成這種蜈蚣高價的原因。筆者認為不太可能有全長60cm的蜈蚣，不過，確實有30cm以上、可以飼養的蜈蚣。

加拉巴哥巨人蜈蚣凶猛的性格和其他大型蜈蚣一樣，動作也很迅速，毒性雖然是未知數，但是愈大隻的蜈蚣噬咬時注入的毒素愈多，因此絕對要避免被大型蜈蚣咬傷。目前市面上沒有流通的加拉巴哥諸島產紅腳型蜈蚣，一旦有機會取得，那養出全長60cm的挑戰，必然令人激動不已！

名副其實的「巨人」級大蜈蚣

祕魯巨人蜈蚣

》學名：*Scolopendra gigantea* 》體型：30～40cm
》分布：巴西、委內瑞拉、祕魯、哥倫比亞

紅　黑色的巨大身體，細長的白色步足，令人印象深刻的巨大蜈蚣。與P.68介紹的加拉巴哥巨人蜈蚣相同，雖然都是世上最大級的巨大品種，但體型不太一樣。加拉巴哥巨人蜈蚣如照片所示，整體上比較粗壯矮胖，看起來比較短的腳，讓碩大的身軀顯得特別有分量，祕魯巨人蜈蚣的整體外觀則是相對顯得細瘦纖長。但可以肯定的是，這兩種都是最長肯定超過30cm

的超大型蜈蚣。

南美除了祕魯巨人蜈蚣以外，還有其他數種相似的蜈蚣，而且很多是尚未被分類記載的。此外，在日本國內以「祕魯巨人蜈蚣」之名流通的蜈蚣，實際上還包含了好些個品種，像「圭亞那巨人蜈蚣 *Scolopendra viridicornis*」和「波多黎各巨人蜈蚣 *Scolopendra sp.*」，都經常作為祕魯巨人蜈蚣來買賣，和日本產等其他地區的

蜈蚣相比，確實都算大型品種，但仍不及祕魯巨人蜈蚣的大小。正確來說，祕魯巨人蜈蚣就是特指本單一品種。相較於其他品種，牠的步足更長，立體空間的移動靈活度也很高，甚至有爬到洞穴頂部，倒吊捕食蝙蝠的記錄影像。動作非常迅速，即使體型相當巨大還是很敏捷。和其他蜈蚣一樣屬於肉食性，從小型昆蟲到爬蟲類，甚至是如齧齒動物的小型哺乳類等，全都在獵食範圍內，食性非常廣泛。

||| 取得與飼養方式 |||

祕魯巨人蜈蚣是頂級的大型蜈蚣，因此在寵物界擁有很高的人氣，為許多蜈蚣飼育愛好者嚮往與熱愛。現今雖然有少量流通於市，但入手價格非常高昂。由於是相當大型的蜈蚣，至少需要長達45～60cm左右的飼養箱。人工飼養時，大多生活在底材之中，為了符合潛藏的生態習性，建議鋪上厚厚的園藝用土為佳。鋪上厚厚的底材也有防止蜈蚣蛻皮不完全的

功能。本種大多在地裡進行蛻皮，如果底材厚度不足，會因為露出身體而無法確實蛻皮。

飼料與其他蜈蚣相同，以蟋蟀或杜比亞蟑螂等活餌為主。蛻皮或產後可餵食冷凍乳鼠作為營養補給。但過度餵食也有可能導致蜈蚣突然死亡，需要特別注意。死亡原因是消化不良或是營養過剩，如今尚無確切的論證。總之，不宜餵食過量或補給過多高卡路里的食物。

飼養溫度請維持在25～28℃，無法適應低溫是理所當然的，但意外的是，牠也無法承受過高的溫度。對於乾燥的環境比較敏感，部分底材需要經常保持潮濕。然而，過高的濕度容易孳生蟎蟲，這

頭部

點也需要留意。

　關於毒性的強度，目前尚無實際被咬的中毒情況，因此無法得知，但蜈蚣有毒這是一定不會錯的。被日本國內的少棘蜈蚣咬到都會嚴重紅腫，若是被更大型的祕魯巨人蜈蚣咬到，注入人體的毒素只會更多，想必產生劇烈疼痛與紅腫也是

很有可能的。雖然無法具體得知詳細的中毒情況，但請以絕對不會被咬到的態度來照顧蜈蚣。祕魯巨人蜈蚣不只動作迅速，力量也很大，即使以鑷子夾取，有時也會沿鑷子爬上來，需要十分小心。

　外觀幾乎無法分辨雌雄，若要以繁殖為目的具有相當難度，而且有同類相食

以筆為比例，確實是巨大的蜈蚣！

圭亞那巨人蜈蚣

的風險,目前尚未有過從交配開始至孵化,完全以人工繁殖的例子。若是無法掌握蜈蚣求偶的時機,其中一隻可能會在瞬間就被另一隻捕獲吞吃,對飼養者來說具有很大的風險。畢竟誰都不想看到,珍愛的蜈蚣在眼前被吃掉的情景。

無論是順利交配成功,還是在捕獲流入市場之前,就已在自然情況下完成交配的雌性都會產卵。大多數的母蜈蚣都會在產卵後進行抱卵的行為,期間不喝水也不進食,一直保護直到孵化為止。為了不讓卵孳生黴菌,母蜈蚣會細心照料,不斷清理以保持潔淨。但是,許多南美原生的蜈蚣品種,已證實小蜈蚣會在孵化之後出現以母蜈蚣為食的「食母性」。為了抱卵,一直不吃不喝的母蜈蚣早已體力不支,結果就成了小蜈蚣們的糧食,這個習性的原因至今不明,但是進食母體的幼體外觀會變得整隻圓滾滾,肥壯如蛆蟲的模樣相當詭異。

假使繁殖成功,母蜈蚣卻被幼體吃掉,身為飼養者的心情想必也是一言難盡。撇開繁殖的挑戰性不說,光是大型蜈蚣的存在感就讓飼養過程充滿樂趣,有興趣的人不妨試著飼養看看,但照顧時一定要非常小心!🐾

世界上最美的 巨人蜈蚣

印度虎蜈蚣

》學名：*Scolopendra hardwickei* 》體型：15～20cm 》分布：印度、斯里蘭卡

至今仍無法忘記，初次見到這個生物的衝擊感。無法言諭的橘黑強烈對比配色！這種配色不只在蜈蚣身上很少見，在其他生物中也一樣稀奇，在數量眾多的 *Scolopendra* 屬蜈蚣中，即使說是外表最美的蜈蚣也當之無愧。成蟲之後的豔麗程度會稍微減退，但顏色卻完全不變。基本上都是橘色和黑色交錯排列的花紋，但有些個體的體色排列順序會出現不同的變化。除了顏色之外，動作也和其他蜈蚣不同，幼體時期就像遙控玩具般停停走走。牠的動向很難預測，一下敏捷亂竄一下靜止，忽動忽停的行為觀察起來非常有趣。事實上，國外確實有人以牠為原型，開發成遙控玩具商品，並且非常忠實地再現這種蜈蚣的獨特動作。在蜈蚣當中屬於中型種，但是和日本的蜈蚣相比還是相當大型。醒目的外觀看起來就很危險，實際上毒性也非常高，在蜈蚣裡屬於照顧時要非常小心的品種。

以印度為中心分布於斯里蘭卡、巽他群島等地，喜好岩場區域中的乾燥沙地，與其他大多喜好潮濕環境的蜈蚣不一樣。因為一身令人驚豔的體色特徵，極受蜈蚣愛好者的喜愛（筆者也是其中之一），在寵物市場上也有十分稀少的數量流通，而且逐年遞減中。即使現在引進了來自南美的巨大蜈蚣，印度虎蜈蚣仍因難得一見而價格高昂。但是這種蜈蚣的動作

與生態確實都很有趣，若是心中認定「就是牠了！」請務必嘗試飼養看看。

|||取得與飼養方式|||

和其他蜈蚣不一樣，喜好特殊的生活環境，飼養方面也有一些獨特的習性。依照我個人至今養過數次的經驗，不太能按照通則飼養。要是以一般蜈蚣的飼養方法，肯定無法成功。在高溫多濕的環境下，最初狀況還不錯，但是隨著時間愈長，健康上的問題就愈多。總結就是，比起飼養箱內全區域經常保持乾燥，不如部分是徹底乾透的狀況，而放入遮蔽物之處，則是在其四周營造出感覺上具有些微濕度的生活環境為宜。至少需要 30×30cm 的水槽或壓克力箱之類的空間（只要大過這個尺寸就不容易逃脫），鋪上厚厚的園藝用土或河砂以利蜈蚣潛藏其中，是最低限度的生活環境條件。之所以要盡可能選擇寬敞一點的容器，理由正如前所述，是為了打造出一半乾燥而另一半具有一定濕度的環境，在同一個容器內營造出這樣的環境，蜈蚣就可以根據當時的狀況選擇喜歡的棲息場所。此外，通風機能是必須的，不可使用空氣無法流通、接近密閉狀態的飼養箱。箱內的空氣可以良好循環是最理想的環境。飼養溫度維持在

SEKAI NO KI-CYU ZUKAN *Scolopendra hardwickei*

25～28℃即可。

　　請時常更換新鮮的飲水。曾多次發現，因為不喝水碗裡幾天前放置的殘水，使得蜈蚣發生脫水狀態。此外，每隔幾天在容器內稍微噴灑霧水為宜（讓底材有一點點濕度，不至於需要長時間揮發的程度即可）。

　　餌食基本上是昆蟲類，可餵食蟋蟀或飼料用蟑螂。與其他蜈蚣相同，蛻皮前不會捕食，除此之外沒有任何前兆（外皮的色澤、行為皆與平時一樣），因此，當蜈蚣不再捕食就要特別注意。話雖如此，一旦蜈蚣的健康狀態出現問題，基本上沒有可以對應的方法，通常時機也已經太遲，步入無法挽救的境況。想來突然惡化的原因不出下列幾點；如底材髒污、溫度或飼料的品質等種種理由。與其說是其中一個原因造成惡化，更可能是這幾個原因日漸累積，直到有一天突然明顯惡化才浮出表面。為了預防，要留意箱內的生活環境是否維持在適合的狀態。蜈蚣意外地喜愛乾淨，因此，為了防止容器被糞便或食物殘渣弄髒，一定要定期掃除，保持乾淨非常重要。

　　關於本種的繁殖，在日本國內的蜈蚣專家與愛好者們的努力之下，已經有過從交配開始，完全以人工繁殖的成功案例。雖然要讓幼體順利成長仍然很困難，但包含我在內，為印度虎蜈蚣的魅力深深吸引的愛好者們，今後仍會不斷嘗試除錯並累積經驗，探索出正確的繁殖飼育途徑。

有2片大羽翅的 蜈蚣！

喀麥隆羽毛尾蜈蚣亞種

≫ 學名：*Alipes multicostis silvestris*　≫ 體型：20 cm　≫ 分布：非洲西部

蜈蚣的身體末端有個部位稱為曳航腳，形狀和步足相似，卻不是用於行走，看起來就像一對尾巴。而羽毛尾蜈蚣這個種類的曳航腳，則是特化成兩片羽毛般的別致外觀。宛如羽毛的曳航腳，作用是威嚇外敵，展開如羽毛般的部分會小幅振動，發出類似響尾蛇威嚇的聲響。雖然外觀看起來沒有什麼威脅性，但是發出的聲響相較於體型卻顯得很大聲，對於外敵還是能發揮效果。大部分的羽毛尾蜈蚣都屬於小型種，本篇介紹的喀麥隆羽毛尾蜈蚣亞種則是屬於

例外的大型種。羽毛尾蜈蚣和其他種類的蜈蚣比起來，性格較穩重，即使逗弄牠也不太會被咬，或出現驚慌逃走的行為，不過具有毒性這一點和其他蜈蚣無異，請避免徒手捕捉。

|||取得與飼養方式|||

喀麥隆羽毛尾蜈蚣亞種以其華麗的顏色和奇特的外觀，成為十分受歡迎的蟲寵。由於近年來才開始在市面上流通，看見的機會不多，相較之下，來自東非、

體型稍小的坦尚尼亞羽毛尾蜈蚣更常見。使用塑膠容器作為飼養箱也無妨，但由於身體很細，需要留意避免從容器的縫隙逃走。底材使用園藝用土等保水性佳的素材就沒問題。不喜歡乾燥的環境，請定期以噴水器噴濕底材，水碗以具有深度但不會造成溺水的容器為佳。生性膽小，放入樹皮或市售的遮蔽物製造出陰暗的躲蔽處，蜈蚣會比較平靜。如果容器裡有好幾個躲蔽處，雖然可以群養，但還是不排除發生同類互食的可能性，因此盡可能個別飼養為宜。食物也是餵食蟋蟀或飼料用蟑螂，不過與同尺寸的他種蜈蚣不同，不太會捕食體型較大的食物，請盡量餵食體型小一點的食物。性格溫和，很適合初次飼養蜈蚣的人。🐛

不快生物的　王者

大蚰蜒

>> 學名：*Thereuopoda clunifera*　>> 體型：7cm（展足15cm）　>> 分布：日本、東南亞

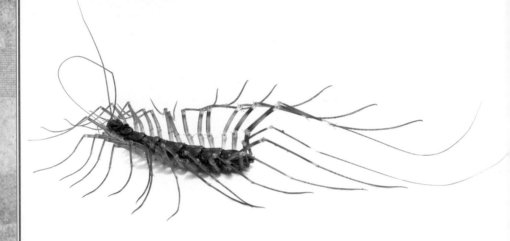

俗稱「錢串子」，比起一般常見的花蚰蜒 *Thereuonema tuberculata*，這種大蚰蜒體型遠遠大得多。一般的蚰蜒體長約2～3cm，即使是展足尺寸（包含步足張開的長度）也只有6～7cm，這個品種卻大不相同，從前腳至後腳的展足尺寸足足有15cm！大一點的個體甚至可以達到20cm。令人起雞皮疙瘩的細長步足讓身型感覺更大，帶給人們的視覺衝擊也更強烈，要說使整體視覺的噁心指數增加3倍也不為過。雖然對大多數的人而言，這是一種看過或聽過最讓人不舒服的生物，實際上卻意外地距離人們身邊不遠，即使在生活周遭附近的公園也可以找到悄

悄棲息的牠們。依地區而定，有些地方的棲息數量甚至會相當密集。有時進入廢棄的防空洞或小洞穴等處時，會看到洞頂布滿大蚰蜒的景況。害怕的人要是看到那幅光景恐怕不止會尖叫，回去可能還會作惡夢吧！

大蚰蜒屬於肉食性，以昆蟲、小型爬蟲類、小青蛙等兩棲類為食。雖然是肉食性卻沒有凶狠的一面，非常膽小，看到人類也不會攻擊或威嚇，反而會急忙逃走。我想應該沒有人會徒手去抓大蚰蜒，但即使徒手抓取，也幾乎沒有被咬傷的情況。相反的，大蚰蜒會自割斷掉許多步足，再趁對方不注意的時候逃走。順帶一提，自割的步足會在蛻皮時重新生長回來。像這種只是外觀讓人感覺不舒服，實際上不會危害人類的生物，被稱為「不快害蟲」，這是來自人類過分主觀的偏見稱謂。

除了蚰蜒和大蚰蜒，日本國內曾出現其他幾個地區性物種的紀錄，如「山科大蚰蜒」、「鎌倉大蚰蜒」，現在這些物種都已被認定與大蚰蜒是同一品種。

||||取得與飼養方式||||

總是被嫌棄的蚰蜒或大蚰蜒，愛好者雖然少，但還是有當作寵物飼養的例子。即使市面上非常稀少，仍然有西南諸島的大蚰蜒或來自東南亞的野生蚰蜒在流通。

飼養溫度維持在25～28℃就不會有什麼問題。不耐乾燥，請保持高濕的環境。不太會從水碗中飲水，不妨在夜間改以噴水器在箱壁內噴上水霧為佳。蛻皮時會從箱頂懸吊而下，因此適合以高出體長數倍以上的容器飼養。食物為蟋蟀或飼料用蟑螂。

試著將不討人喜歡的大蚰蜒當成寵物飼養，說不定會有意外的發現呢！❀

世界上最大的 巨型黑色馬陸

非洲巨馬陸

≫ 學名：*Archispirostreptus gigas* ≫ 體型：30cm ≫ 分布：肯亞、坦尚尼亞

馬陸雖然不起眼，卻是全世界到處都有的生物，日本當然也不例外，無論是水泥磚或花盆下，陽臺的排水溝周圍到公園的陰涼處，各個地方都可以看到牠們。本篇介紹的非洲巨馬陸與日本當地馬陸的最大不同之處，就是牠巨大的身型。和通常數公分的日本馬陸相比，非洲巨馬陸全部伸長可長達20～30cm，具

有很強烈的視覺衝擊性，這也是全世界馬陸中最大級的尺寸。所有馬陸在防禦時都會捲成圓形，即使是這個姿態的非洲巨馬陸，還是有成人男性手掌左右的大小。

經常有人以為馬陸是蜈蚣的一種，但其實馬陸並不會咬人也不會注入毒液，溫馴的性情與牠奇特的外觀不太相符。馬陸最大的特徵是其防禦方式，一旦被敵人攻

擊，身體會快速捲成圓形，並且從側腹流出難聞的體液，藉此趕走敵人。這種體液大部分是咖啡色，若人類皮膚沾上會像墨汁一樣染色，即使清洗也褪得很慢。這種帶有清潔劑般刺鼻氣味的液體，根據品種不同也可能具有強烈的致敏性，因此接觸馬陸時請小心不要刺激牠。基於安全上的考慮，皮膚敏感的人請戴上塑膠手袋再接觸馬陸比較安心。

||| 取得與飼養方式 |||

非洲巨馬陸也有在寵物市場上流通，由於會定期進口至日本國內，因此取得的機會比較多。體型巨大卻不具危險性，且壽命長達5年左右，再加上稍微觸碰就會改變形態的反應，使牠成為頗有人氣的寵物。而且不知為何擁有不少女性愛好者，這在節肢動物當中可說是很稀奇的情況。

將雌性和雄性馬陸一起飼養就會繁殖出下一代，能夠長期享受飼育的樂趣。在飼養箱裡鋪上厚厚的腐葉土，不知不覺之間馬陸就會在土裡產卵，繼而孵化出馬陸幼體。飼養溫度以25～28℃為準，稍微有點潮濕的環境為佳。屬於偏向食植性的雜食性生物，可以餵食蔬菜、爬蟲類配方飼料或狗食等。馬陸會從土壤裡攝取碳酸鈣，建議將爬蟲專用的鈣粉混入底材，藉此讓馬陸攝取為宜。

節肢動物
Arthropod

來自「風之谷」的
腐海王蟲？

馬達加斯加巨型球馬陸

≫ 學名：*Hyleoglomeris* sp. ≫ 體型：5cm ≫ 分布：馬達加斯加

外觀像是巨大的鼠婦，分類上則是球馬陸屬的一種。球馬陸正如其名，屬於馬陸之一，會像鼠婦一樣捲成圓球狀，與鼠婦不同之處，在於球馬陸除前後兩節之外，每個體節皆有2對步足。球馬陸遇敵捲成球形時，會以全身包覆頭部作為保護。不像一般馬陸給人不舒服的感覺，看起來反而有點莫名的可愛。本篇介紹來自馬達加斯加的巨型球馬陸，是球馬陸之中打破規格的大型品種，尤其是體

型巨大的個體捲成球形時，直徑可以達到6cm以上，接近網球的大小令人吃驚。順帶一提，日本原生的球馬陸捲成球形時，直徑大小和模樣相似的鼠婦差不多，僅有數公釐。馬達加斯加球馬陸在市面上流通的俗名為「Megaball」雖然不是正式名稱，卻是很容易理解的名字。

馬達加斯加巨型球馬陸的顏色是具有光澤的翡翠綠，相當漂亮。棲息在日本的球馬陸通常是不起眼的顏色，以本篇介紹的品種為首，許多來自海外的球馬陸則是色彩豐富又華麗，例如更加鮮豔的黃色或紅色小型種，經常可以在泰國或緬甸等東南亞國家看見。巨型球馬陸雖然體型大而醒目，但因為以森林的落葉為食，作為森林的分解者潛藏於地面，所以不容易發

現蹤跡。喜好潮濕的環境，可以在朽木或落葉之下等地方找到，詳細的生態尚未經過確切的研究，生活史仍然存在著許多未解之謎。

|||取得與飼養方式|||

來自國外的球馬陸，有的具備華麗外觀，有的分量感十足，因此從很久以前就開始在寵物市場流通。由於生態習性仍有許多未解之處，綜觀來看，想要長期飼育頗有難度，以普通馬陸的方法飼養恐怕行不通（大型個體也有可能是壽終正寢而亡）。尤其是這篇介紹的馬達加斯加巨型球馬陸，目前仍未聽聞長期飼育．繁殖成功的例子。◪

宛如亮晶晶的 糖球！

彩虹球馬陸

≫ 學名：*Zephronia* sp.　≫ 體型：5cm　≫ 分布：馬來西亞

彩虹球馬陸

宛　如寶石一般的球馬陸，體色正如其名，由藍到白的漸層色彩非常漂亮。受到驚嚇時會捲成球形的姿態，看起來就像糖球或彈珠。有著各式各樣的別名，也會以「糖果球馬陸」、「寶石球馬陸」等名稱流通於市。全世界到處都有中型尺寸的馬陸，但是像本種這樣漂亮的馬陸就很少見。主要棲息於馬來西亞的高山，喜好濕涼的環境，會分解腐葉土的土壤，屬於以腐植質為食的生物。

||| 取得與飼養方式 |||

因為鮮豔的色彩成為人氣寵物，雖

緬甸球馬陸 咖啡色

泰國球馬陸 黑色

然市面上見到的機會不多,但是在日本國內的確有流通。不過就現狀而言,人工飼養不易,與其他球馬陸相比,幾乎沒有聽聞長期飼養成功的例子。即使吃食與排瀉都很正常卻還是突然猝死,像這樣原因不明的死亡情況很多。主要的飼養重點有下列幾項,首先這種馬陸需要喝很多水,因此水碗是基本配備。此外,非常不適應高溫悶熱的環境,因此須打造通風良好的飼養環境,並且將溫度控制在20℃為宜。要常年維持這個溫度區間很困難,利用儲酒櫃等可以控制恆溫的機器比較容易作到。即使以腐葉土為主食,也不能只吃單一品牌的腐葉土,最好是混合各種廠牌的腐葉土,再厚厚地鋪上一層比較恰當。🐾

球馬陸的一種

似蛛非蛛 超越人類想像力的 怪異生物

埃及毛爪避日蛛

》學名：*Galeodes* sp. 》體型：10 cm 》分布：埃及

避日蛛被稱為世界三大奇蟲之一，極為怪異的長相在奇蟲之中始終占有一席之地，那異形般的外觀，即使在奇蟲當中也是屬於很容易讓人感到恐怖的。擁有宛如巨大尖牙的鋏角（螯肢），眼睛長在頭部前端的中央。進食的時候會以靈活的鋏角獵捕，然後直接將獵物夾碎吃下。節節分明的腹部呈橢圓形，具有進食之後會膨脹的柔軟度。撫摸這個部位會發現柔軟又有彈性，意外地觸感很好。包含腹部，全身幾乎都覆著一層薄薄的毛，個人認為這種毛是和部分蠍子相同的感覺器官。試著將避日蛛翻過來觀察，可以看到腹部有個如同網球拍的器官，排列著小小的突起物。

避日蛛目前已知的品種有12科1000多種以上，分布於世界各地的牠們有著五花

八門的外觀與尺寸，體長大都在數公分左右，除了本篇介紹的「埃及毛爪避日蛛」之外，還有其他各式各樣的大型品種。由於外觀看起來很可怕，感覺上好像被咬到就會致死，但事實上，包含「埃及毛爪避日蛛」在內幾乎皆不具有毒性，被咬到也只有物理性的痛感，不會致死。不過根據研究，證實部分棲息在印度的避日蛛品種是具有毒性的。

取得與飼養方式

部分避日蛛被當成寵物流通，在日本也可以找到。種類雖然很多，但主要流通於市的還是下列三種，除了埃及毛爪避日蛛以外，還有「金毛避日蛛」、「黑刺客避日蛛」。生態方面尚未研究透徹，飼養方法也是眾說紛紜，至於何者才是正確的方式，目前仍然有許多未確認的部分。以下介紹的飼育方

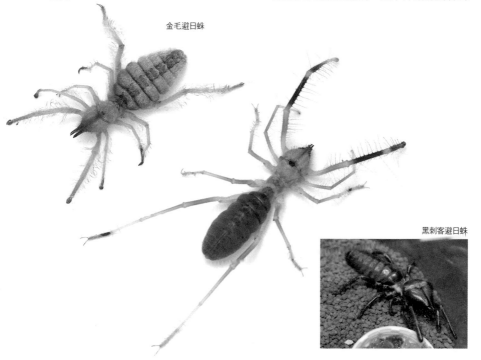

金毛避日蛛

黑刺客避日蛛

金毛避日蛛

式，都是基於此現狀推測得出的方法，敬請諒解。

　　由於原生環境位於乾燥地帶，因此底材最好混用沙漠的沙子與乾燥的園藝用土等。大自然中的野生避日蛛會挖洞穴居於地底，若是在飼養箱內鋪上厚厚的底材，就能藉此觀察牠作出隧道狀巢穴的過程，十分有趣。將樹皮或花盆碎片埋入底材一半的深度，避日蛛就會從躲蔽處開始挖掘巢穴，因此若是想要設定巢穴入口的位置，不妨就在那裡放上遮蔽素材。除了鋪上厚厚的底材，個人認為讓底部保有一些濕度，上層維持乾燥是最理想的底材狀態，但是要製作出這樣的環境實在有些困難。建議先鋪上1/3深度的底材後灑水沾濕，再鋪上乾燥的底材，如此就可以順利打造適合的飼養環境。

　　除了棲息在濕潤環境的「黑刺客避日蛛」，另外兩種避日蛛都是屬於乾燥地棲的生態，在飼養過程中，不時可以看見避日蛛作出日光浴般的姿態，因此最好在飼養箱的一角設置燈光照射。光線是否為生存必須條件至今不明，但是以含有紫外線的螢光燈照射較好也說不定。此外，這些生存於乾燥地帶的品種，原本棲息於晝夜溫差極大的沙漠，因此在入夜後將燈關掉，藉此在人工飼養下製造出日夜溫差的環境，或許會是更有利的生活條件。

　　不曾見過避日蛛直接從水盆飲水的姿態，因此飼養箱內不放給水器應該也沒關係。即使在飼養箱內放入水盆，結果也可能是在避日蛛挖掘巢穴的過程中混入沙土。

不妨每週一次，在容器內以噴水器噴灑霧水的方式補給水分，讓避日蛛直接沾取些微水分應該可以了。在為避日蛛噴灑水氣時，只要身上沾附些許小水珠的程度即可，過度給水會導致明顯衰弱。若是餵食的昆蟲具有大量水分，光是如此就能從中得到充分補給的水分。食物方面是來者不拒，所有抓到的獵物都會吃下去，只要是活的、會動的任何蟲類都吃，餵食蟋蟀或飼料用蟑螂都是很不錯的選擇。至於餵食間隔，若是每天不間斷的投食，牠就會無止盡地吃下去，因此飼養者需要根據避日蛛腹部的膨脹程度，斟酌是否需要餵食。如果避日蛛的腹部明明還有空間卻對食物沒有反應，多半是身體狀況相當衰弱的症狀。

繁殖型態為卵生，首先卵會在雌性腹中成形，再孵化成幼蛛，產卵之後經過數日即孵化出幼蛛。很少聽聞進口到抱卵狀態的雌性避日蛛進而生產繁殖，也未曾聽聞人工飼養下的雌、雄避日蛛正常交配繁殖的例子。光是以長期飼育避日蛛為前提就已經很困難，更別說避日蛛的繁殖就像夢中夢一樣遙不可及。

筆者也不敢斷言上述方式是否完全正確，若是能夠作為飼養時的參考重點，並藉此養活避日蛛那就太好了。🐾

金毛避日蛛

惡夢般的　世界三大奇蟲之一

坦尚尼亞巨人無尾鞭蛛

>> 學名：*Damon variegatus* >> 體型：3～5cm（展足8～10cm） >> 分布：非洲東部到南部

鞭|蛛的外型，是無法一言以蔽之的奇怪，彷彿是來自宇宙攻擊地球的外星人。長滿尖銳刺狀物的鬚肢，如白額高腳蛛一樣的長腳，以及細長鞭子般的第一對足皆是其特徵。鞭蛛廣泛分布在全世界熱帶地區，日本是沒有的。不同種類

馬來西亞產的小型鞭蛛

的鞭蛛體型相差甚大，從體長5mm左右，到本篇介紹體長達5cm的大型種都有。根據品種不同，極具特色的鬚肢有非常短的，也有比體長還要長的極端種類。有些品種的鬚肢長度會因為雌雄而有所差異，坦尚尼亞巨人無尾鞭蛛正是如此，雄蛛擁有比身體長數倍的鬚肢，雌蛛的鬚肢則不及雄蛛一半的長度。野生的坦尚尼亞巨人無尾鞭蛛棲息在洞穴或樹洞等潮濕的場所。屬於肉食性，以帶刺的鬚肢捕食昆蟲。繁殖型態為卵生，雌蛛產出的卵塊會附在腹部，守護卵塊直到孵化，孵化後的幼蛛要經過數次蛻皮才會離開母蛛獨立，在此之前會一直待在母蛛背上生活。

||| 取得與飼養方式 |||

鞭蛛雖然有著非常奇怪的外觀，卻是沒有攻擊性也完全無毒的無害物種，即使被咬到或刺到也不會造成傷害。因此在寵物市場上也很有人氣，流通數量有時候還不少。除了坦尚尼亞巨人無尾鞭蛛以外，常見的還有佛羅里達鞭蛛、泰國鞭蛛、馬來西亞小型鞭蛛等，各式各樣的品種在市面上流通，選擇很多。

飼養箱最好具有相當的高度，並且在裡面放入樹皮、漂流木或園藝網等立體攀架設施，作為鞭蛛攀附的場所。鞭蛛基本上是垂直攀附於壁面上棲息的，如果沒有可以攀掛的地方就無法安定。不管哪個品

巴貝多產鞭蛛

種的鞭蛛都喜好具有濕度的環境，因此底材請鋪上園藝用土。有沒有放入水盆都沒關係，鞭蛛很少直接飲水，更適合以噴水器提供水分。請餵食適合鞭蛛尺寸的蟋蟀或飼料用蟑螂，但不同品種的鞭蛛還是會有不同的偏好。

　　鞭蛛蛻皮時會往箱頂攀爬，讓身體懸空倒掛著朝下蛻皮。如果飼養箱的高度不夠，身體在途中碰到地面造成無法蛻皮完全將會致命，需要特別注意。將數隻鞭蛛飼養在一起也不會有互食的行為，因此將幾隻雌性和雄性的鞭蛛群養也無妨。這種情況下的雌性和雄性鞭蛛會自行交配，雌蛛產卵就會很常見。雌蛛臨近生產時的腹部會膨脹鼓起，可以清楚看見一顆顆卵的

形狀，那個樣貌十分可怕，雖然感受因人而異，但有的人生理上就是無法接受這個景象。🕷

泰國產鞭蛛

節肢動物
Arthropod

醋酸噴射機！

美洲巨鞭蠍

》學名：*Mastigoproctus giganteus* 》體型：8cm 》分布：北美洲（西南部）

鞭蠍也是世界三大奇蟲之一，雖然名字或外形和蠍子相似，實際上卻是完全不同的物種，也沒有蠍子附有毒針的尾巴這個最大特徵。鞭蠍尾巴是非常細的管狀，不只可以將毒液注入敵人體內，還能噴射刺激性液體藉此防禦。液體的主要成分是醋酸，味道像是氣味強烈的醋，因而成為鞭蠍英文名字「Vinegaroon（會噴醋的蟲）」的由來。美洲巨鞭蠍則是鞭蠍中體型最大的

品種，龐大的身軀使得噴散的液體量也多，人類的眼睛若是接觸到這種液體會非常疼痛，需要特別注意。

　　日本的西南諸島也有鞭蠍分布，目前已知品種有斯氏鞭蠍和十字盾鞭蠍2種。鞭蠍屬於肉食性，以小型昆蟲為食，捕獵時並非使用醋酸液，而是利用螯型觸肢捕獲獵物。部分品種的雌、雄鞭蠍螯形不一

樣，可以藉此分辨性別，日本產的2種鞭蠍即是如此。至於美洲巨鞭蠍，雖然螯的形狀相同，卻可以根據尺寸大小來分辨雌雄，雄鞭蠍的螯比雌鞭蠍的大，並且也更加粗壯。

　　鞭蠍喜好的環境是稍微潮濕一點的場所，經常潛藏於石頭下方，屬於夜行性生物，白天藏在躲蔽處，夜間則會在住處

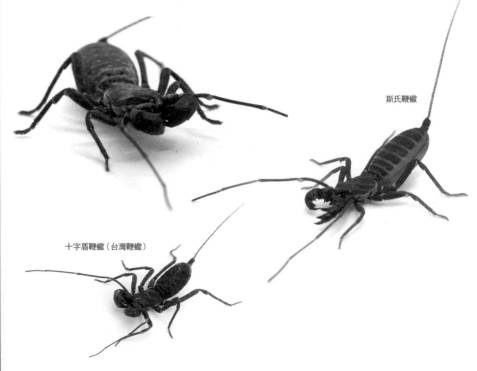

斯氏鞭蠍

十字盾鞭蠍（台灣鞭蠍）

野生的十字盾鞭蠍（臺灣）

四周徘徊。繁殖型態為卵生，雌鞭蠍會挖掘巢穴產卵，不吃不喝持續護卵直到孵化為止，和外形相似的蠍子一樣，母鞭蠍會將孵化出來的小鞭蠍背在背上照顧。

||||取得與飼養方式||||

　　飼養鞭蠍沒什麼特別困難之處，重點只有打造具有濕度的環境，並放入作為躲蔽處的物品即可。底材使用濕潤的園藝用土，或是混入水苔的介質為宜。蛻皮時大多會潛入底材中，因此請鋪上厚厚的底材。若是將好幾隻鞭蠍群養在同一個容器時，請注意必須放入足夠多的躲蔽物，否則可能會出現互食的狀況。以符合鞭蠍尺寸的蟋蟀等各種昆蟲餵食。不論

哪個品種的鞭蠍皆不耐低溫，飼養溫度保持在24～26℃為佳。人工飼養下有過繁殖成功的例子，不妨試著將雌性和雄性鞭蠍放在一起飼養，挑戰看看吧！

背負著小鞭蠍的十字盾雌鞭蠍

藏在岩石暗處的　小小獵人

磯蟹蟲

》學名：*Garypus japonicus*　》體型：7mm　》分布：日本（從本州到琉球列島）

　　日本俗稱的蟹蟲即為擬蠍，是非常小型的生物，日常生活中幾乎沒什麼機會看到。事實上，日本全國棲息著許多品種的擬蠍，從公園到住家庭院等各種場所都可能有擬蠍生存其中，若是有心尋找，其實意外地容易找到。肉眼看去宛如芥末顆粒的擬蠍，放大觀察其外觀就會忍不住產生「日本也有這種生物嗎？」的疑問。外型就像拿掉毒針的蠍子，彷彿被拍扁的扁平身體，擁

有和體格不成比例的帥氣螯夾，構成了擬蠍的奇妙外型。察覺危險時會將螯收攏靠緊身體，往後逃跑，因此在日本又有「倒退嚕」的別名。肉食性生物，以捕捉小型昆蟲為食。在此介紹的磯蟹蟲尚無中文名稱，正如日本名稱是分布在海邊的擬蠍，棲息於不會直接被海水沖刷的海岸岩場或漂流物下方，會以絲線築巢作為棲身處。磯蟹蟲在擬蠍中屬於大型品種，比較容易發現。

||| 取得與飼養方式 |||

磯蟹蟲奇妙的模樣不只觀察起來很有意思，飼養也很有趣。可在小型的飼養箱裡鋪上河沙與園藝用土混合的底材，再放入當成遮蔽處的落葉或石頭。磯蟹蟲雖然是棲息於海岸邊的擬蠍，但個人認為人工飼養下並不是特別需要鹽分。食物通常是白蟻或彈尾蟲等小型節肢動物，不過這些生物並不容易準備，因此建議使用爬蟲類專賣店販賣的飼料用糙瓷鼠婦或1、2齡蟑螂幼蟲等。不耐乾燥的環境，最好經常讓部分底材保持潮濕的狀態。

社會性佳可群居，即使將數幾隻磯蟹蟲放入小型容器一起飼養也不會打架，能夠和平友好地共處。同時在群居的飼養狀況下，也會出現自行繁殖的情況。

世界百大外來入侵種
變身高級食材

非洲大蝸牛

» 學名：*Achatina fulica*　» 體型：15㎝　» 分布：東非

這是全世界最大的蝸牛，光是成體殼的長度最大都能達到20cm。殼的形狀和一般蝸牛不同，呈現一端尖尖的紡錘形。雖然原產於非洲東部，但隨著附著在貨物或進出口植物上，現今已廣泛分布於世界各地。日本在昭和初期作為軍需，以養殖（食用）為目的進口，後來卻在未多加管理的情況下擴散至沖繩縣、奄美群島和小笠原諸島等西南諸島生長繁殖。這種大型蝸牛不只好吃農作物，繁殖力更是非常驚人，一次可以產下100～1000個卵，並

且以10天為一個週期不斷產卵。非常強健耐乾燥，因為體型和堅固的殼，幾乎沒有天敵，再加上移動迅速與爆發式的繁殖力，幾乎在全世界都被視為入侵物種。沖繩縣因為驅除政策奏效，數量已大幅減少，但想要根除卻很困難。非洲大蝸牛不只會危害農作物，也是寄生蟲「廣東住血線蟲」的宿主，而且不僅是本體帶原，就連接觸殘留的黏液也有可能會感染。非洲大蝸牛被IUCN（國際自然保護聯盟）列入世界百大外來入侵種之一，日本的植物防疫法也指定為有害動植物，禁止從棲息地的西南諸島攜入日本其他國土。當然，也不能飼養。

非洲大蝸牛雖然集眾多令人厭惡的因素於一身，但由於其體型、生命力、繁殖力的強大，在某些國家也被視為食材而受到矚目。臺灣與中國至今仍盛行養殖非洲大蝸牛，在無寄生蟲的安全環境下培育並出口到世界各地。此外，在法國也作為高級食材法國蝸牛（食用蝸牛的一種）的替代品，許多便宜的蝸牛罐頭其實都是由非洲大蝸牛製作而成。

全世界最大的 日本煙管！

大煙管蝸牛

≫ 學名：*Megalophaedusa martensi* ≫ 體型：5cm ≫ 分布：日本（本州西部四國）

「經」常可以聽到「世界最大的〇〇」這種說法，本書中也有好幾種生物冠上這種稱號，但其中足以稱霸世界的日本原生種生物卻不多。為數不多的「日本產世界最大種」之一──日本大山椒魚，固然以世界最大的兩棲類聞名於世，但除此之外，在令人意外之處還有日本產的世界最大級生物悄悄棲息著。那正是本篇介紹的「大煙管」。日本稱為大煙管的蝸牛，台灣尚無正式名稱，這是世界上最大的煙管蝸牛，不過即使說出煙管蝸牛，一般人恐怕也不會

聯想到其真正的外型。煙管蝸牛和一般蝸牛相同，屬於陸棲的貝類，細長的殼看起來就像菸草用的煙管，因而得名。移動性很低，很多品種都是地域性的固定棲息於某些區域，已知的煙管蝸牛品種光是日本就有將近200種。大煙管則是這種蝸牛中的最大品種，主要分布在西日本。成體殼長為50mm，殼的直徑可達10mm，許多人聽到這個尺寸應該都會疑惑「這種程度是世界最大？」不過，煙管蝸牛的殼長大多在10～30mm之間，相較之下，大煙管的確是相當巨大的品種了。

|||取得與飼養方式|||

若是想要飼養棲息在森林落葉之下等陰暗潮濕環境的大煙管，底材最好使用腐葉土等具有保濕性的土壤，並且放置樹皮或石頭等躲蔽處兼攀爬物。飼養箱使用小型容器就很足夠。鈣是蝸牛殼成長的必要成分，可以給予市售的爬蟲類鈣粉，或是放入給小鳥食用的墨魚骨進行補鈣。喜好紅蘿蔔或葉菜類等植物性食物，其他也可餵食烏龜用的配方飼料等各式食物。和蝸牛一樣屬於雌雄同體的陸棲貝，只要將2隻大煙管飼養在一起就能繁殖。🐾

具有翡翠外殼的 森林蝸牛

青山蝸牛

≫ 學名：*Leptopoma nitidum* ≫ 體型：2cm ≫ 分布：日本（西南諸島）、臺灣、巴布亞紐幾內亞

青山蝸牛外觀和蝸牛很相似，卻是屬於完全不同的環口螺科（山蝸牛科）陸棲貝。和一般陸生蝸牛的不同之處，在於環口螺的殼口會有口蓋，這是海水與淡水域卷貝類生物才有會的特徵，蝸牛則沒有。這個口蓋在本體的軟體部往外伸出時會倒向後方。蝸牛和

環口螺還有一個不同之處，蝸牛大多具有2對觸角，後觸角末端有一對眼睛，環口螺只有一對觸角，且眼睛長在觸角的底部。即使兩者形狀相似，構造上也有很大的差異。

　青山蝸牛是青山蝸牛屬的一種，擁有與其他品種大不相同的外殼，彷彿通

透的晶瑩淡綠色螺殼非常漂亮。臺灣與東南亞皆有分布，以日本琉球諸島為首的西南諸島也可以發現。近年來因為土壤惡化或外來種的競爭，數量大幅減少，以前在更北方的奄美諸島也有棲息，但現在可能已經絕跡了。主要棲息在石灰岩豐富的森林，但農地或公園等處也可以找到。屬於樹棲的生態，因此經常附著在較高的姑婆芋葉子或樹木樹幹上，以齒舌刮取樹皮或岩石上的青苔、石灰質作為營養來源。和大多數的蝸牛、蛞蝓等軟體生物不同，是擁有雄性和雌性之分的雌雄異體。但是，關於繁殖細節至今仍有很多不明之處。

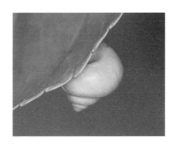

||| 取得與飼養方式 |||

擁有美麗外殼的青山蝸牛也是人氣很高的寵物，偶爾可以在網路拍賣或專賣店找到。取得方法除了以上述方式購入，還能自行到野外採集，但是在日本國內的部分地域被列入準滅絕物種而受到保護，採集時要特別注意。

飼養方法還有很多不明的部分，也很少聽到長期飼養成功的例子。雖然野生的青山蝸牛是食取大自然中的青苔，但人工飼養要定期取得青苔就比較困難，不妨改用富含植物成分的餌食，將草食魚類用的配方飼料磨成粉投食也是方法之一。此外，青山蝸牛通常棲息在石灰岩地帶中，因此個人認為飼養時也需要給予相同的成分，建議在飼養箱內撒入鈣粉為宜。雖然會吃昆蟲果凍，但只靠這個想要長期飼養恐怕會有困難。因為尚不清楚最適合作為飼料的選項為何，不妨多多嘗試餵食各種食物。請採用具有通氣性的飼養箱，底材可以使用園藝用土、腐葉土、落葉等各種介質，由於不耐乾燥，能夠保持環境濕度的材質最合適。鋪上底材後，推薦再放上一些從大自然收集的朽木、落葉或植物等造景物品，不只可以營造美觀的環境，也能讓蝸牛顯得精神奕奕而更加美麗。

雖然其生態或飼養方法都還有很多不明之處，但在人工飼養下繁殖成功的例子卻不少，如果有機會，請試著挑戰看看吧！🐌

山蛞蝓

≫ 學名：*Meghimatium fruhstorferi* ≫ 體型：15㎝前後 ≫ 分布：日本全國

在住家周邊也可以經常看到的蛞蝓，體型大約只有4cm左右。然而在稍微郊外一點的地方或山裡，則是有著相當大型的品種，也就是本篇介紹的山蛞蝓。全長可達10cm以上，相較於日常看慣的蛞蝓，這數倍以上分量感不禁讓人不寒而慄。雖然體型巨大，實際上卻沒有什麼危害，純粹是因為外型帶來的視覺衝擊讓人感覺恐怖而已。像這樣沒有實際危害，外觀卻令人很不舒服

的無脊椎動物，被稱為「不快害蟲」。感覺這種事情是因人而異的，因此這樣的稱號似乎有些過於主觀……山蛞蝓的分布範圍很廣，日本全國都可以見到其蹤跡，大多附著在山野中的樹皮或葉子上，在郊區民居的混凝土牆上也可以看到。個體會根據棲息地域出現差異，在西南諸島看到的山蛞蝓，就有著和本州不一樣的外觀。棲息在沖繩本島北部的山原山蛞蝓，體表色彩呈現膚色，而且

交配中的蛞蝓

交配中的山原山蛞蝓

體型比本州的山蛞蝓更大，全長甚至達到將近20cm。此外，奄美群島的山蛞蝓體色雖然是更可怕的紅黑相間，體型尺寸卻小於其他地區，即使最大也只有10cm左右。各個地區的族群都分別具有其特色，體色也會根據棲息地的環境而產生變異。這些山蛞蝓當中，即使今後有幾種獨立成為新品種也不足為奇，就現狀而言，這些都是未記載種（種或亞種皆未正式記載分類的生物族群），本書則以地域族群來概括介紹。

|||取得與飼養方式|||

蛞蝓類幾乎都是雌雄同體，山蛞蝓也不例外，只要有2隻個體就可以繁殖。交配型態是很普遍的雌雄蛞蝓並行排列進行交配，不像本書稍後介紹的豹紋蛞蝓，具有懸吊在高處以螺旋纏繞狀進行的獨特交配方式。和其他蛞蝓一樣屬於卵生，產卵數量約20～40個左右。這些讓許多人覺得不舒服的蛞蝓，如果將其視為陸棲而沒有貝殼的螺貝類，看起來應該就可愛多了。看著飼養的蛞蝓活力充沛地吃著紅蘿蔔或小黃瓜的模樣，也很惹人喜愛呢。

山原山蛞蝓

山原山蛞蝓

豹紋蛞蝓

僵人的 豹紋花樣

≫ 學名：*Limax maximus* ≫ 體型：10㎝ ≫ 分布：歐洲、日本

豹紋蛞蝓和一般蛞蝓不太一樣，全身大約有三分之一的部分被龜甲般的硬殼包覆著。一般提到蛞蝓通常會浮現無殼蝸牛的印象，但本種明明是蛞蝓卻有殼！不過這個殼其實是退化的殘跡，並沒有保護身體的實際功能。豹紋蛞蝓的外觀非常獨特，帶有醒目的黑色直向花紋。這個花紋會根據地域的不同出現各種變化，也有過無花紋品種的記錄。此外，身體伸長時最長將近20㎝，屬於相當大型的蛞蝓，因此又稱大蛞蝓。通常蝸牛或蛞蝓都是刮取植物為主食，豹紋蛞蝓卻是肉食性的，這個特點也和其他蛞蝓大不相同。牠們經常會群聚在動物的屍體旁，有時也會出現同種相食的情況，可以說是相當貪婪的生物。豹紋蛞蝓原產於歐洲，但是經由附著於觀葉植物上的卵擴散到世界各地，目前在南美、南非、澳洲等地都已確認有其分布。本書介紹非洲大蝸牛時也提過，陸棲的軟體生物經常會藉由附著在進出口的植物或木材等各種物品上，從原本的棲息地散播至遠方。因此，事實上日本也曾出現豹紋蛞蝓的蹤跡，除了2006年初次在茨城縣土浦市發現外，如今在島根縣和長野縣也確認有豹紋蛞蝓棲息。雖說是外來種，但是那一身類似虎斑的花紋，使得這個族群以奇特的色調引人矚目。

交配行為十分獨特，兩隻蛞蝓會從高處藉由黏液懸掛半空，如螺旋狀交纏在一起。

宛如牡丹餅的長相

皺足蛞蝓

≫ 學名：*Laevicaulis alte* ≫ 體型：10 cm ≫ 分布：日本（沖繩）、世界各地

提到蛞蝓，總是會想到那些棲息在陰暗潮溼處的黏答答討厭生物，然而皺足蛞蝓卻有著相當不一樣的外表。猶如和菓子般的長相，像是豆沙餡裹在外頭的牡丹餅，卻突出了一對觸角，長著蛞蝓特有的眼睛。除了和一般蛞蝓不一樣的外表，也和同為陸棲腹足綱的蛞蝓或蝸牛分屬不同目，雖然名稱裡也有蛞蝓兩字，但皺足蛞蝓的物種分類卻是與棲息在河海交界汽水域，日本俗稱粟餅的石磺這類生物相近。在日本本州無法找到，但是若前往棲息地所在的沖繩，則可以在各式各樣的地方發現其蹤跡。

|||取得與飼養方式|||

皺足蛞蝓的生態也不太一樣，為雄性先熟的雌雄同體，個體年輕時全都是雄性，經過一段時間才會轉換成雌性。因為這個特性，在人工飼養下只要將數隻皺足蛞蝓放入飼養箱裡，就會在無意間自行產卵繁殖。剛出生的幼體顏色和成體不同，潔白晶瑩的模樣意外地可愛。屬於雜食性，可以投餵蔬菜或人工飼料等各種食物。皺足蛞蝓體內可能會有寄生蟲（廣東住血線蟲），飼養或野外觀察時盡可能不要徒手觸碰，萬一觸碰到一定要徹底洗手，飼養器具也必須確實清洗乾淨，衛生方面的顧慮是十分必要的。

若隱若現的 小小鱉甲

馬丁氏鱉甲蛞蝓

≫ 學名：*Parmarion martensi* ≫ 體型：2～4cm ≫ 分布：日本（西南諸島）、東南亞

這種蛞蝓背上帶著一片薄薄的小盾板（甲殼），是演變型態處於蛞蝓和蝸牛之間的陸棲貝。看起來和同樣是蛞蝓卻帶有退化甲殼的豹紋蛞蝓 *Limaz maximus*（參見P.108）很相近，但本種的甲殼更明顯，在分類上也是相較於蛞蝓科，更接近鱉甲蝸牛科。鱉甲蝸牛科的尾巴尖端具有棘狀突起物，而馬丁氏鱉甲蛞蝓也有相同的特徵。馬丁氏鱉甲蛞蝓整體呈扁平狀，由於背部的小小薄殼色如鱉甲，故得其名。這個甲殼不會包覆整個身體，雖然

一般都可以看得到，但移動時肉質的外套膜會覆蓋住甲殼因而看不到，同時背部也會呈現拱起來的姿態，非常奇妙。

食性和其他蛞蝓差不多，同為雜食性生物，可以吃各式各樣的食物維生。原產於東南亞，附著在觀葉植物而隨之進口，如今在日本的西南諸島也可以發現，日本首次發現蹤跡則是在1986年的沖繩縣名護市。雖然棲息環境很廣，民宅周邊、耕地或森林等各種場所皆有本種蛞蝓生活其中，但實際採集其實也沒那麼容易找到。

||||取得與飼養方式||||

作為寵物飼養的情況十分罕見，雖然在網路拍賣或專賣店也有販售，但基本上若是想要取得，不如直接在野外採集。

飼養方法是在飼養箱裡鋪上帶著濕氣的腐葉土或園藝用土等介質，要注意不可讓土壤變乾燥。通風不佳的容器會導致空氣凝滯，並不建議使用。可餵食蔬菜屑或烏龜用的人工飼料。此外，飼養蝸牛和蛞蝓都有個要注意的共通點：牠們在飼養箱內不會再次走過自己的足跡，因此請盡可能勤於清掃，保持箱內的清潔。

因為原本是外來種，若是在棲息地西南諸島以外飼養，請注意絕對不能讓飼養的蛞蝓逃到野外。🐛

對人類大大有用的 吸血鬼
菲擬醫蛭

》學名：*Hirudinaria manillensis* 》體型：30cm 》分布：東南亞

以吸血而聞名的水蛭又稱螞蟥，有著許多品種，無論在日本的山裡或田邊，都能找到好幾種。菲擬醫蛭是吸血性水蛭中的大型種，棲息於東南亞的沼澤或大型水塘處。其體色和花紋會根據地域的不同產生變異，有綠色、有暖色系，也有直條紋的，還有完全無紋路的，模樣十分多元。菲擬醫蛭是最早

被發現的吸血性水蛭，藉由吸取牛、馬等大型哺乳類的血液生存，也會附著在侵入棲息場所的人類身上，以相同的方式吸血。獵物經過時吸附其身的水蛭，會藉由吸盤狀的口和內部的顎片劃開獵物皮膚，吸取流出來的血液。這時候，水蛭唾液中含有的水蛭素可以防止血液凝固，由於這個成分也含有麻醉成分，

因此被吸血的對象不容易察覺異狀，於是水蛭就可以長時間吸取獵物的血。水蛭吸血之後會變大，依個體而定，最大可以膨脹至30cm以上。大致來說，一隻5cm左右的水蛭一次吸飽血之後，全長可以達到10cm以上。

對人類來說，不管是水蛭的外觀還是習性都讓人感覺非常不舒服，可以說是人們最討厭的生物之一。然而自古以來，水蛭也被運用於將體內壞血排出體外的放血療法，或是將水蛭曬乾磨成粉末作為中藥材的一面。即使在現今英國等國家的醫療體系，在接合被切斷的受傷四肢時，也會在患部貼上無菌化、大型化的醫療用水蛭進行吸血，作為促進血管再生的方法。

||| 取得與飼養方式 |||

雖然只限於極少數的部分人士，但仍然有人飼養水蛭。因為雌雄同體，只要將2隻放在一起就有可能繁殖，然而，最重要的問題還是在於食性。因為無法提供作為食物的血液，飼養者每2個禮拜到1個月就需要讓水蛭附在手腕上吸血一次，才有可能成功飼養。現在確實還沒有水蛭是否為寄生蟲或病原體媒介的相關報告，但也無法保證牠是絕對衛生的生物，因此這種餵食方法也不能說是安全的行為。如果無論如何都想要飼養水蛭，請務必為自己的一切行為負責。以本書的立場而言，不建議飼養具有吸血性的水蛭。🐛

看似有毒卻無害的
蚯蚓獵者

八輪陸蛭

》學名：*Orobdella octonaria* 》體型：30cm 》分布：日本

提到水蛭，第一時間浮現的印象恐怕都是吸血，但世界上其實還有很多不吸血的水蛭。至於這些水蛭究竟吃什麼維生呢？舉例來說，有些水蛭會將小型軟體生物從頭部整個吞食下去。另一方面，包含八輪陸蛭（本種尚無正式中文名稱，此為日本俗稱直譯）

在內的同類陸蛭，則是專門捕食蚯蚓的生物。其中獵捕吞食蚯蚓的方式，則是最精彩之處。首先將蚯蚓具有感知作用的頭部一口氣往上提起，接著再追捕猶如搖滾樂手般瘋狂甩頭的蚯蚓。由於陸蛭只剩下退化如芥菜籽的眼睛痕跡，基本上都是仰賴嗅覺追捕蚯蚓。追捕時一

且頭部探觸到蚯蚓，就會立刻大大張開吸盤口吸附蚯蚓，接著就如強力吸塵器般直接將整條蚯蚓吸食吃下。這個吸力非常恐怖，蚯蚓完全沒有機會逃走，瞬間就被吞吃得清潔溜溜。

八輪陸蛭在陸蛭當中也是屬於相當大型的品種，平常大約30cm，伸長時最長可達50cm。陸蛭的尺寸越大，喜好食用的蚯蚓也越大型，常常以全長將近30cm的巨大種西博德蚯蚓（參見P.116）為食。無論是吞食的水蛭還是被吞食的蚯蚓，都是足以被錯認為小蛇的規格外尺寸。順帶一提，有一種棲息在日本的小型蛇也會吃蚯蚓，名為高千穗蛇（黑脊蛇），若是將牠和八輪陸蛭並排相比，伸長的時候仍不及八輪陸蛭

的長度。而這種惡夢般的生物都在什麼地方出沒呢？其實意外地悄悄生活在距離人們不遠之處。棲息於森林的八輪陸蛭，在雨後的山中等地方就可以看到，在山裡走動的人偶爾發現時，總是會引起小騷動。

||||取得與飼養方式||||

陸蛭類整體都不耐暑熱，喜好冷涼濕潤的環境。因此，很少作為寵物流通於市，飼養的難度也高。八輪陸蛭和蛞蝓一樣是雌雄同體，只要有2隻個體就可以繁衍子孫後代。繁殖型態為卵生，會產出宛如透明玻璃珠的卵，從中孵化出數隻小陸蛭。🐛

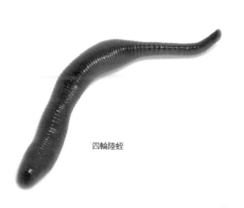

四輪陸蛭

四輪陸蛭的頭
眼睛已退化至只餘痕跡

閃耀著悚然色彩的
超巨大蚯蚓

西博德蚯蚓

≫ 學名：*Pheretima sieboldi* ≫ 體型：20〜30cm ≫ 分布：日本（西日本）

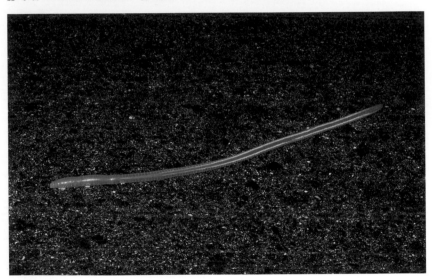

通　常在水蛭附近看到的蚯蚓，全長大多在20cm以下，然而西博德蚯蚓卻是擁有遠遠凌駕這個尺寸的超級規格者。大型個體最長有過60cm的紀錄，與其說是蚯蚓，其長度更像蛇或鰻魚。不只是大小，顏色也很獨特，淡藍的體色會根據光線的強弱閃耀著藍

幽幽的光芒。而西博德之名的由來，則是因為江戶時代長崎荷蘭商館的德國醫師兼博物學者菲利普‧法蘭茲‧馮‧西博德（Philipp Franz von Siebold）依照從日本帶回母國的標本記錄並發表本物種，便按例冠上發表者的人名。此為日本特有種，廣泛分布在西日本，特別

是四國和九州經常可以見到。根據棲息地域的方言有著各種別名，在四國稱為「勘太郎」，和歌山縣稱為「卡布瑞拉」，其他都道府縣也有各式各樣的稱呼。比起人類的居住地，在山腳地帶的森林裡見到的機會更多，意外的是大部分都出現在地面上。雨後的山間林道或道路上，可以發現緩緩移動的西博德蚯蚓。由於其身型外觀很大很醒目，若是真想尋找，想必很簡單就可以發現。

蚯蚓是許多動物的食物，西博德蚯蚓也是山椒魚、高千穗蛇等生物喜好捕食的獵物之一。此外，也經常用於捕釣鰻魚的餌。壽命大概 3 年左右，相較於體型來說或許短了點。卵的孵化期間約長達 1 年，孵化後會迅速生長成熟，最終產卵死亡。住處會根據季節大幅移動，夏天的時候會散布在山腳的山坡上生活，冬天則聚集在谷底。越冬之後，春天來臨時會再度移動前往山坡。🕸

這個尺寸算是小隻的

會動的絨毛玩具!?
又怪又可愛的 活化石

巴貝多櫛蠶

》學名：*Epiperipatus barbadensis* 》體型：6cm 》分布：巴貝多

即使聽到「櫛蠶」一詞，應該也完全想像不出來是什麼樣的生物。櫛蠶是一種知名度很低的生物，但是在生物學中卻具有獨特的地位，歸屬於有爪動物門的大分類中。而現今的有爪動物門之中，除了櫛蠶的同類物種以外，沒有其他近緣動物。有爪動物是非常原始的生物，類似族群的化石標本可以追溯到寒武紀。櫛蠶身上有很多像腳的凸起，外觀雖然像是細長的蛞蝓，

身體表面卻有著彷彿經過防水加工，能夠彈掉水滴的構造。由於這絨絨的質感，因而擁有直譯為天鵝絨蟲（Velvet worm）的英文名稱。最大的特徵除了先前提到的有爪，還有足部末端宛如短鉤爪的構造。

櫛蠶的同類物種在世界各地都有分布，巴貝多櫛蠶則是原生於加勒比海巴貝多島的品種，棲息在森林地面下的落葉層，捕食小型昆蟲等動物維生。捕食

的方法十分獨特，發現獵物時，嘴巴兩側的開口會迅速噴射出一種黏液，緊緊纏住獵物再進食。這個液體的黏著力非常強，人類的手指若是沾到，甚至可以當成黏著劑使用。

|||取得與飼養方式|||

雖然機會很稀少，但是在販賣奇蟲類的寵物店還是可以買到。擁有如此怪異外觀和習性的生物，竟然也有在販賣？說不定有人還覺得挺訝異的。雖然非常少數，但其實在相當早以前，就有將櫛蠶當成寵物流通飼養的例子。然而喜好低溫的一般櫛蠶，只要稍微曬到高一點的溫度就會在瞬間融化般消逝，因此飼養很困難，現實上幾乎不可能。此時像流星一樣閃耀登場的，就是巴貝多櫛蠶。牠和其他櫛蠶不太一樣，適應的生存溫度較廣，在23～28℃左右，飼養起來比較容易。在人工飼養下也可以繁殖，只要將雌雄櫛蠶養在一起，不知不覺就會自行交配，生產1～3隻的小櫛蠶（巴貝多櫛蠶屬於直接生產幼體的胎生生物，其他櫛蠶也有產卵的卵生種）。幼體非常小，全長僅5mm左右。大小櫛蠶一起停佇在落葉下的光景，讓人不禁莞爾。

食物以小蟋蟀或糙瓷鼠婦等昆蟲類為主。噴出黏液捕獲獵物的動作十分具有衝擊感，在人工飼養下就可以近距離觀察！❀

噴射黏液的模樣　　　　土壤的瞬間

奇蟲飼育

>> KEEPING <<

大蘭多蜘蛛的飼養

　　若以棲息環境分類，大蘭多蜘蛛的飼養方法大致可以分成三種。

　　①通稱「食鳥蛛」，主要棲息於地表的地棲性蜘蛛。
　　②通稱「地老虎」，主要棲息於地下的穴居性蜘蛛。
　　③通稱「樹蜘蛛」，主要棲息於樹上的樹棲性蜘蛛。

　　雖然多少有部分例外，但大多數蜘蛛都可以依上述分類的飼養方法進行飼養。在此分別舉例三個群體的代表種類，解說每一種飼養方法。

■ **地棲性蜘蛛的飼養：** 以地上據點生活的蜘蛛種類代表，在此以短尾蛛屬（*Brachypelma*）為例介紹。地棲性蜘蛛還有其他各式各樣的種類，但由於短尾蛛屬的蜘蛛品種飼養不難，而且取得容易又包含很多品種。大多數野生的短尾蛛雖然會挖掘深深的洞穴，在倒木下築巢，但是人工飼養下的短尾蛛很少這麼作。地棲性的大蘭多蜘蛛有的喜好乾燥環境，有的喜好潮濕環境，這個屬的蜘蛛品種主要是棲息於乾燥地帶，因此濕度並非必要。

　　短尾蛛屬是喜好乾燥環境的地棲性蜘蛛，飼養箱請使用具有一定通風程度的容器。從塑膠容器到透明度高的壓克力箱，或玻璃製的爬蟲類專用小型箱等皆可選擇，請根據飼養的蜘蛛尺寸選用適合的容器吧！鋪在飼養箱裡的底材也有許多種類，使用方便的優質園藝用土或椰子纖維壓製而成的椰磚皆可。從切成骰子狀的塊狀到磨碎成粉狀，可以買到各種不同規格大小的底材。雖

然可以依喜好選擇類型，不過大多數的飼養者通常是使用粉狀或規格較細碎的塊狀材料。園藝用土能吸收水分保持濕潤狀態，此外也可以在乾燥狀態下使用，短尾蛛屬適合乾燥的環境，尤其是在不需要水的狀態下，園藝用土開封就可以直接使用。

　　另一方面，針對喜好多濕的蜘蛛品種，可以灑水直到園藝用土顏色變深，讓含水量到達一定濕度的狀態再使用。喜好多濕的蜘蛛尤以P.47介紹的巨人食鳥蛛為代表，*Theraphos*屬的蜘蛛都是特別不耐乾燥的品種，可以在底材中加入水苔等介質，維持較高的濕度。無論是乾燥型或潮濕型的蜘蛛，底材的厚度只要有數公分左右就無妨。即使沒有明顯髒污，鑑於衛生方面的考量，底材還是要定期替換比較好，大約一個月就全部丟棄更新一次為宜。飼養比較神經質的蜘蛛時，放入躲蔽物或造景用品之類的設施，能夠打造出讓牠們安心平和的居住環境，但是若非生性膽小的蜘蛛，即使不放也無所謂。短尾蛛屬的蜘蛛幾乎都不是那麼神經質的，因此不一定要放入遮蔽物。至於遮蔽物，不建議使用具有尖銳部分的漂流木等，可能會弄傷生物的物品。給水方面，常設水盆的重量請選擇大蘭多無法輕易移動的程度。但是，幼體蜘蛛若是掉進較深的水盆有可能會溺死，要特別注意。飼養尺寸較小的蜘蛛時，也可以不配置水盆，改以噴水器在飼養箱壁面噴出水滴沾附的程度即可。

🈁 餌食主要使用蟋蟀，其他如飼料用的櫻桃紅蟑螂或杜比亞蟑螂等各種昆蟲也ok。大型個體雖然也可以餵食解凍的乳鼠等，但是會造成非常多排泄物，請注意不可過度餵食。餌食的尺寸需要配合蜘蛛的成長階段變化。出生之後直到2、3齡為止的幼體蜘蛛，不投餵活體蟋蟀，

而是餵食壓碎的蟋蟀。將壓碎的蟋蟀放置在紙張或寶特瓶蓋子上餵食，可以防止殘餘的餌食弄髒底材。餵食頻率方面，幼體蜘蛛每天餵食為宜，接近成體的亞成體蜘蛛則是間隔時間長一點也無妨，成體蜘蛛即使一週餵食一次也沒關係。吃剩的食物會產生蟎蟲，因此飼養箱裡若有吃剩的殘食，請盡快清除乾淨，尤其小蜘蛛可能會反過來被殘食招致的肉食性蟎蟲吃掉。餵食活體昆蟲時，隔天請務必清理殘留的食物。特別是未死去的蟋蟀會反咬蛻皮中一動也不動的蜘蛛，因此需要盡快清除殘食。腹部呈現黑色且膨脹的狀態，是許多大蘭多蜘蛛蛻皮前的共通徵兆，這段時期請不要餵食。腹部顏色鮮豔，變得緊繃且不進食的時候，請勿強行餵食，靜待至蛻皮時刻來臨即可。進行蛻皮的時候沒有任何防備，這個時候被蟋蟀咬到會成為致命的傷害，需要特別注意。蛻皮後的身體很柔軟，直到確實固化需要一週的時間，這個時候請不要移動也不要刺激牠，只要耐心觀察就好。不過也有例外的時候，有些蜘蛛品種不是因為蛻皮拒食，而是因為季節變化而拒食，甚至有品種可能長期絕食。會出現絕食期的蜘蛛，幼體時的週期很短，長至成體時的絕食期卻也跟著變長，也曾出現過長達數個月之久的狀況。絕食期間不進食也沒關係，請不要擔心，絕食期結束再度餵食即可。地棲性蜘蛛的飼養溫度也不太一樣，短尾蛛屬的飼養溫度只要維持在25～28℃就沒問題。其他的地棲性大蘭多蜘蛛基本上也可以飼養在這個溫度區間，只是要注意有幾種特別喜好低溫的品種。

雖說短尾蛛屬之類的地棲性大蘭多蜘蛛，經常被說是比較溫馴的種類，但對方畢竟是生物，無法預測會發生什麼事。基本上嚴禁徒手把玩，此外，這類蜘蛛腹部大多長有刺激性強的螫毛（關於螫毛請參閱P.4），肌膚比較敏感的人請不要省略戴上手套的步驟。

■ **穴居性蜘蛛的飼養**：這類蜘蛛在自然野外會往地下挖掘洞穴，除了夜間之類的活動時間帶以外，基本上都躲在巢穴中。即使在人工飼養下仍然維持同樣的生活作息，為了重現近似的棲息環境，基本上要放入深度足夠的土壤才好飼養。地裡的溫度和濕度則要保持穩定，大致來說，穴居性蜘蛛喜好具有濕度的環境。即使是比較耐乾燥，棲息於非洲大陸名為巴布（Baboon）的品種，若是長期處在乾燥狀況下還是會死亡。穴居性的代表性種類為亞洲原生，通稱為「地老虎」的大蘭多蜘蛛，其中又以Cyriopagopus屬（包含舊稱Haplopelma屬的物種）的地老虎蜘蛛最受歡迎。尤其是泰國金屬藍Cyriopagopus lividum，因其美麗的外觀，在新手和初階飼養者中具有超高人氣。但是地老虎基本上多半性格凶惡，而且動作很快速，毒性也非常高，總而言之絕對不是容易飼養的品種。穴居性蜘蛛通常都潛藏在看不見的洞穴裡，因此很難預料其行動。泰國金屬藍也不例外，對於尚不熟悉飼養方式的人來說，建議還是不要從這個品種開始飼養較好。此外，棲息於非洲的穴居性巴布蜘蛛，同樣也是個性火爆、動作迅速的類型，照顧時請務必小心。敏感的巴布蜘蛛還會高高舉起步足，發出威嚇音。和地棲性蜘蛛相比，穴居性蜘蛛比較適合具有飼養經驗的大蘭多進階型玩家。

由於需要堆放一定深度的底材，因此盡可能選擇較深的飼養箱。穴居性蜘蛛大多喜好多濕的環境，通氣性太好的容器，底材很容易在冬天的暖氣環境下變得過於乾燥，因而不推薦使用。雖然喜好多濕環境的品種頗多，但是也不能過度悶熱，因此要時常留意飼養箱壁而結成的水滴。底材可以使用質地較細的粉狀椰纖土或園藝用的黑土，然後加水直到土壤顏色變深，再堆至足夠的深度即可。雖然底材要夠深，但也不能堆到太靠近飼養箱上方，免得在打開蓋子的瞬間，大蘭多蜘蛛就立刻跳出逃逸。從底材表面到容器頂端仍要預留足夠的空間，這樣即使大蘭多蜘蛛突然從土裡冒出頭，也來得及立刻蓋上蓋子，方便飼養者應對。底材即便全部處於潮濕狀況也無妨，但是仍有部分穴居性蜘蛛喜歡稍微偏乾的環境，這時只要以地表部分保持乾燥，地裡仍舊維持濕潤的原則來調整底材含水量即可。穴居的生活習性容易導致巢穴中蓄積排泄物或食物殘渣，一不留意底材就很容易變髒，最少3個月全面替換底材一次為宜。原本應該和地

棲性蜘蛛一樣，每個月全面更新一次底材，但是穴居性蜘蛛有許多性格凶惡的品種，這些大蘭多在替換底材時會跑來跑去，造成作業上的困難，其中還有不少品種會在挖掘底材時感到驚恐而暴動。因此移動或掃除時，建議使用透明杯子等方式，以不傷害蜘蛛為原則，暫時先移到別的容器比較安全。給水方式與其他類別的蜘蛛一樣，要常設水盆。此類別的蜘蛛很容易缺水，最好總是保持新鮮飲用水的狀態。大多數野採集的蜘蛛在進口到日本、上架販售的過程中，會出現脫水的情況，入手蜘蛛後比起餵食，更應該優先給水。蜘蛛在地裡挖掘洞穴時，經常出現底材掉入水盆中，或導致水盆埋入底材裡的狀況，不過蜘蛛一旦築好巢穴，幾乎就會定居下來不再移動，應該只有最初會出現這個問題，此時請耐心的經常確認水盆位置與是否潔淨。

🕷 餌食與其他蜘蛛相同，主要使用蟋蟀等活體昆蟲，屬於躲在地裡埋伏捕食的類型，因此不太容易看到牠們捕食的姿態。巢穴全部構築完成之後，只會在夜間外出，隔天僅看到食物殘渣出現在地面的情況也很多。餵食隔日若看見殘食，請清除乾淨，之後隔一週左右再餵食較恰當。和其他類型的蜘蛛相比，穴居性蜘蛛露面的機會比較少，難以觀察其行為。尤其是不容易察覺蛻皮的前兆，如果在蛻皮期間放入活體餌食，可能會遭到昆蟲反咬而意外死亡。提到蛻皮前的徵兆，如果果穴入口出現幾乎將洞口填滿的蛛絲，那麼請勿錯過這點變化。這段期間無需餵食，請靜待一段時間，觀察蜘蛛的狀態即可。或者為了保障安全不使用蟋蟀，轉而投餵不會攻擊大蘭多蜘蛛的飼料蟑螂（櫻桃紅蟑）也很適合。

這類蜘蛛行動詭譎，個性凶暴，大多屬於危險性高的物種，請絕對不要有徒手觸碰看看的想法。

■ 樹棲性蜘蛛的飼養：無論是自然野生還是人工飼養的情況下，生活據點都在樹上或枝幹上，屬於在高處築巢生活的蜘蛛。這個類型的蜘蛛以分布在南美的*Avicularia*屬和分布於南亞的華麗雨林屬（*Poecilotheria*）為代表。除了幼體時期，基本上不管哪一種都生活在樹上，獵捕食物與飲水也在樹上解決。即使是人工飼養，也多是在立起放置的漂流木或樹皮等，沿著這些物體築巢。

雖然也可以選用高度較低的飼養箱或壓克力容器飼養，但是若選用具有足夠高度的飼養箱，就可以觀察樹棲性蜘蛛原本的習性而更加有趣。容器的空間越寬闊越好，特別是華麗雨林屬的蜘蛛，最好能夠確保足以縱向活動的充分高度。請注意飼養箱的通風機能，樹棲性的大蘭多蜘蛛特別不喜凝滯沉悶的空氣，無論是喜好乾燥或喜好潮濕環境的品種都一樣，請注意飼養箱裡的空氣循環。底材與其他大蘭多蜘蛛一樣，主要使用園藝用土，依品種而定，有的蜘蛛會建造從地裡到樹上，懸掛般的蛛巢，因此底材稍厚一點也無妨。原本棲息於雨林或山岳地帶的品種很多，因此無論種類都要保持一定的濕度。生活環境基本上都是在某物之上，即使底材相當潮濕也沒關係。和其他類型一樣，底材最好每隔一個月到數個月就全部更新一次。對於排泄物等產生的阿摩尼亞之類感到不適，和其他種類的蜘蛛相較，即使底材的髒污不是很明顯，最好還是勤於更換底材。將筒狀樹皮或漂流木立起放入飼養箱裡斜靠壁面，此布置方式可以看見蜘蛛沿著這些東西構築巢穴的模樣。當然，也有可能出現將蛛巢築在與飼養者期待完全不同之處的情況。這是蜘蛛的個性喜好差異，沒辦法硬性規定。思考飼養箱的布置，令大蘭多蜘蛛築巢在飼養者喜愛的規劃之處，也是飼養過程的醍醐味之一。此外，亦可放入人造葉材之類增加觀賞性。雖然最終多半會被蛛巢覆蓋，但是因為人造植物的葉片可以取代蔽暗處的功能，所以還是很推薦使用。可以放置水盆，但是樹棲性和其他類型相較之下缺少水盆水窪這樣的取水認知，結果出現脫水症狀的例子比比皆是。與其使用水盆給水，不如每隔幾天在巢穴周圍噴灑水霧，讓蜘蛛藉此方式飲水比較安心。為了以防萬一，以噴水器作為基本給水，另外再設置水盆也行。

🕷 食物和其他類型蜘蛛一樣使用蟋蟀或櫻桃紅蟑。至於會潛入底材裡的杜比亞蟑螂或麵包蟲，並不適合用於

餓食不會落到地面的樹棲蜘蛛。餓食型態基本上是將活體昆蟲投入飼養箱內，餌食尺寸要配合蜘蛛的體型大小給予。對幼體蜘蛛來說，小蟋蟀或小櫻桃紅蟑依然太大，不宜直接投餵，最好是在靠近巢穴入口處放置壓碎的蟋蟀。也可以說，剛孵化出來的蜘蛛幼體，除了非常小型的餌食或壓碎的食物，大多對於其他食物沒什麼反應。此外，有些樹棲蜘蛛即使已經是成體，對於放置在巢穴開口處的餌食也毫無反應，無法認知那是食物，這種情況的個體，請將餌食從巢穴上方落下的型態餵食。至於餵食間隔，幼體時期只要吃得下，每天餵食也無妨，成體大小的蜘蛛則是每週餵食1～2次即可。

所有的樹棲蜘蛛行動都很迅速，經常發生趁著打開飼養箱的瞬間跳出逃走的例子，照顧時一定要特別注意這點。尤其是華麗雨林屬的蜘蛛，因為毒性高，從飼養箱轉移至其他容器時要特別小心。

蠍子の飼養

蠍子的飼養方法大致可以區分為：喜好多濕至準多濕環境的類型，以及喜好乾燥環境的類型這兩種。整體而言，大多數的蠍子種類生命力都很強韌，但是仍然會發生不適應環境而突然死亡的情況。即使毫無問題的正常進食，也有多起因為環境不適合而無法蛻皮導致死亡；或雖然蛻皮了卻在過程中途停止，因為蛻皮不全而死亡的狀況，特別是幼體時期更要注意。在此分別以每個類型的代表性蠍子為例，解說飼養方法。※多濕（70%～）、準多濕（60～70%）、準乾燥（50%）、乾燥（30%）

■ **多濕至準多濕類型的蠍子飼養**：包含蠍子之中主要棲息於森林或雨林的品種，這個類型喜好具有濕度的環境，若是置於乾燥環境，只要經過幾天大多會死亡。不只要保持空氣中的濕度，也必須注意勤於補水。喜

好多濕環境的蠍子種類，以分布於非洲西部的帝王蠍 *Pandinus imperator*（參見P.64）為代表。此外，以東南亞為中心分布的雨林蠍屬（*Heterometrus*）的亞洲森林蠍*Heterometrus spinifer*，也是喜好多濕的品種之一。以上兩者在市場上的流通量都不少，常有機會看見。

這個類型的蠍子飼養箱，可以使用塑膠製、壓克力製或爬蟲專用的箱子等，不需要特別大的空間。即使是大型種，運動量也不高，只要選擇配合蠍子大小的容器就可以。要特別注意的是，因為討厭乾燥的環境，不適合使用通風太過良好的飼養箱，但是完全不通風的容器則是會過度悶熱。即使是喜好高濕環境的蠍子也無法適應密閉環境下的悶熱空氣。基本上不會攀爬箱壁，但是幼體時期身體比較輕，只要足部搆得到的地方就可以立體移動，要留意逃脫的情況。底材使用具有吸水性的園藝用土或水苔等材質。冬天在暖氣的環境下飼養箱內容易乾燥，因此最好厚厚的鋪上一層底材。蠍子不太會潛藏在底材裡，因此厚一點的底材反而容易管理濕度，很方便。在高濕的環境下，一旦髒污就容易孳生大量蟎蟲，請1個月1次定期更新底材，最好能夠將底材全部替換。箱內只要放入可以藏身的漂流木、樹皮或落葉等，就會成為躲蔽處。小型種的蠍子使用樹皮片就很適合。

餌食 餌食基本上使用活體蟋蟀或飼料用蟑螂，對於非活體的食物也有反應，因此可以將蟋蟀壓碎再投餵小小的蠍子幼體。一次餵食過量餌料可能會導致突然暴斃，成體尺寸的蠍子大約1週餵食1～2次，幼體蠍子大約1週3～4次的餵食頻率即可。蛻皮前和大蘭多蜘蛛一樣不會進食，因此這個時期請不要餵食。蛻皮前體節會膨脹，以此為基準很容易判斷。給水容器請準備蠍子不會溺水但仍具有深度的水碗。至於幼體蠍子，只要將沾濕的脫脂棉放在寶特瓶蓋子裡，即可不必擔心溺水又能安全給水。很多蠍子屬於飲水量較大的品種，勤於確認給水器內的水是否新鮮就可以安心飼養。喜好多濕的蠍子類型，請將飼養環境的濕度保持在80%以上，喜好準多濕的蠍子類型，則是將濕度保持在60%左右。濕度可以藉由底材的含水量或以噴水器在飼養箱內噴灑霧水調整。

喜好多濕環境的蠍子也有許多特別不耐低溫的品種，若長期處於低溫的狀態容易導致死亡，但飼養溫度只要能夠維持在25～28℃應該就沒有問題。

像帝王蠍這類外觀威武凶猛的蠍子，毒性卻意外地弱，話雖如此，基本上不論是哪一種蠍子都嚴禁徒手抓取。移動蠍子時請使用鑷子，嚴守不直接素手觸碰的原則。根據每個人體質的不同，即使是毒性很弱的蠍子品種也可能會引發嚴重的生理反應，千萬不可以輕忽。

■乾燥類型的蠍子飼養：主要棲息於乾燥地帶的蠍子，從適應白天氣溫高達近50℃的沙漠棲集類，到生活於乾燥草原的蠍子都屬於此類型。目前這種類型的寵物類飼養品種，以P.62介紹的亞利桑那沙漠金蠍 *Hadrurus arizonensis* 為代表，其他還有小型種的加州金蠍 *Smeringurus mesaensis* 等。比起喜好多濕環境的蠍子，乾燥類型的品種比較少在市面上流通。沙漠棲的蠍子很多都是毒性強且具危險性的品種，因而大多禁止進口。

這類蠍子討厭空氣沉悶、濕度高的環境型態，因此，飼養箱請使用通風良好的容器，並確認容器上面是否有足夠的通風孔或縫隙。底材可以使用市售爬蟲類用的沙漠砂或乾燥的園藝用土等各種介質，但是如果真要選擇，與其使用鬆散的沙漠砂，更推薦使用乾燥的園藝用土飼養沙漠棲蠍子。因為這類型的蠍子，很多都具有潛藏於底材裡的習性，因此底材不妨鋪得厚一點。底材的下層要保持一定的濕度，地表或空氣呈現乾燥的環境就能符合大多數蠍子的喜好。為了造景和美觀，也可以在容器內放入漂流木或岩石。

🈵 餌食依然使用活體昆蟲。餵食頻率和多濕類型的蠍子相同，總的來說十分耐饑，即使數週沒有餵食也無妨的情況很多。喜好乾燥環境的蠍子中，有些種類具有長期拒食的習性，即使突然出現不再進食的狀況也無需過度擔心，靜待直到再度進食即可。生活在嚴酷環境的乾燥類型蠍子，身體具有水分不容易散逸的構造，因此在人工飼養下幾乎不會飲水。大約1週1次，直接在蠍子本體上噴水，以此方式給水就足以充分補給水分。為了以防萬一，也可以在飼養容器內放入小小的水碗。關於生活環境的濕度，雖然根據品種不同有所差異，但大致上容器內的濕度要維持在低於30%，溫度基本上則保持在25～35℃之間。事實上，如果能模擬白天溫度上升，夜間溫度下降的狀態最好不過，但是在人工飼養下要重現這樣的環境十分困難。白天以爬蟲類用的紫外線燈泡照亮容器一隅，夜間關掉，以此方式製造出晝夜溫差，就能營造出近似的自然環境。但是請留意不要讓容器內的整體溫度過度上升，請一邊觀察蠍子的狀態一邊調整燈泡的光照程度。

乾燥類型的蠍子不管和什麼種類比較，性格都是非常粗暴的，嚴禁徒手抓取。和多濕類型的蠍子相比，整體的動作也更快速，要移動牠的時候請以鑷子夾取，並且用杯子蓋住。這類蠍子的毒性很多都很強烈，請特別注意絕對不要被刺到。

蜈蚣的飼養

即使在野生的情況下，蜈蚣的生活環境也會根據品種不同而十分多樣。大多數品種喜好生活在山野或雨林這類濕度高的環境，但也不能一概而論，全都照這樣的環境飼養就沒問題。即使是棲息在山野或雨林的蜈蚣，還是有少數喜好乾燥環境的品種，或生活在水邊的品種等多樣性。本書則分成大型種、中型種、小型種來解說基本的飼養方法。如前所述，喜好的環境會根據品種而有些微的變化，但是在這個基礎之上，除了喜好特殊環境的蜈蚣之外，大多數的蜈蚣都可以依建議方式飼養而沒有問題。

■ 小型種（5～10㎝）蜈蚣的飼養：目前在日本國內流通的蜈蚣種類，除了*Scolopendra*屬和 *Ethmostigmus*屬之外，大多數的蜈蚣都屬於小型種（但是在 *Scolopendra*

屬和 *Ethmostigmus* 屬中還是有例外的小型種存在）。基本上多是耳孔蜈蚣屬（*Otostigmus*）或棘盲蜈蚣屬（*Scolopocryptops*）之類的品種，屬於偏向穴居性、體型細長的蜈蚣。

　　飼養箱請使用符合蜈蚣尺寸的容器，由於體型較小，因此可能一錯眼就從容器的間隙逃走，特別推薦使用蓋子部分沒有間隙或開孔的密閉型飼養箱（例如fruit fly shutter）。小型種的蜈蚣非常不耐乾，很常見到因為飼養箱通風太好而乾燥致死的情況。底材使用園藝用土、水苔，或使用兩種介質混合的土壤，根據飼養者的喜好選擇即可。底材要維持一定的濕度。比起爬出地面的時間，通常大半天都是潛藏在地裡生活，因此最好鋪上厚厚一層底材。底材的濕度管理也是飼養的樂趣之一。定期替換底材可以預防蟎蟲孳生，請維持數個月全部更新一次的頻率。由於小型種蜈蚣沒什麼體力，一旦被蟎蟲寄生多半都會致死，需要格外注意。除底材之外，還可以放入樹皮或枯葉等等物，作為蜈蚣的躲蔽處。因為大多數的蜈蚣都生性膽小，能布置山一處固定的藏身處是最好不過。

🐛 餌食請配合蜈蚣個體的大小，餵食蟋蟀或櫻桃紅蟑等。要特別注意的是，相較於飼養的蜈蚣尺寸，餵食的餌食若是體型太大，可能會導致飼料逆襲的情況。為了預防這種情形，先將飼料用昆蟲壓碎再投餵也是方法之一。給水方面，請放入不會讓蜈蚣溺水的水盆，並且1週換一次水，也可以在箱內噴灑霧水補充蜈蚣所需的水分。大多數的蜈蚣都不喜歡高溫環境，飼養溫度請維持在23～26℃。濕度保持高一點比較保險，但是不耐伴隨高溫導致的悶濕。所以需要保溫時，以提升整體空間溫度的溫室概念來執行，藉由四周的暖和空氣來維持溫度為宜。

■ **中型種（10～20cm）蜈蚣的飼養**：包含日本國內原生的大型種少棘蜈蚣 *Scolopendra subspinipes mutilans*，以及作為寵物流通的越南巨人蜈蚣 *Scolopendra dehaani* 等。以國外產的品種占大多數，只

知道日本蜈蚣的一般民眾要是看到，恐怕會覺得是巨大無比的蜈蚣。*Ethmostigmus*屬中擁有一身美麗藍色的坦尚尼亞藍腳巨人蜈蚣 *Ethmostigmus trigonopodus*等也包含在這個分類裡。

　　飼養箱的選擇和小型種一樣，使用塑膠容器、市售爬蟲類專用的壓克力容器等，可以觀賞蜈蚣身姿的透明盒即可。若是將蜈蚣放入與體型相比過於狹小的容器，在打開箱蓋的瞬間蜈蚣就會迅速逃出，因此使用稍微寬敞留有空間的容器較為安全。大多數中型種的蜈蚣行動都很迅速，性格凶暴的品種也不在少數，所以包含抓取、照顧等動作都要十分注意。保險起見，容器的高度、長度皆有蜈蚣全長的2倍以上即為安全尺寸。

　　關於底材，則是和小型種一樣。雖然比小型種更耐得住短時間的乾燥，但每週還是要以噴水器將箱內噴濕數次。中型種蜈蚣的主要活動區域是在地面上，不過其中也有蛻皮前會潛入土裡進行蛻皮行為的品種，因此最好還是鋪上厚厚的底材。與體型成正比的是排泄物也比較多，一個月全部更新一次底材比較令人安心。如果底材髒污，步足的前端會變成黑色，並從那個部位開始腐爛而死。可在容器內放入樹皮或盆栽碎片當成遮蔽物，讓蜈蚣能夠躲藏其下。

🐛 餌食為蟋蟀或櫻桃紅蟑，也可視情況餵食乳鼠，基本上主要餵食昆蟲，乳鼠等高卡路里的食物則作為補充營養的副食品。如果全都餵食乳鼠，會因為肥胖而突然死亡。餵食的間隔大約一週2～3次非常足夠。蛻皮前會變得不愛進食，因此要控制餵食量。飲水方面，建議放入不易翻覆的陶製水碗，要勤於更換讓蜈蚣時時喝到新鮮的水。許多蜈蚣不喝久放的水，明明水碗裡有水，但使用噴水器噴水時，蜈蚣卻舔舐附在壁面上的水滴。之所以產生這個現象，就是蜈蚣不飲用水碗裡久放之水的證據。因此即使飲水看起來仍然乾淨，也請定期更換。蜈蚣很容易因為脫水而虛弱，只要蜈蚣的狀態有異，十之八九不是因為脫水就是蛻皮。

　　雖然也有例外的品種，但基本上飼養溫度維持在25～28℃左右應該就沒問題。至於濕度，幾乎所有品種

都喜好底材略為潮濕的生活環境，但仍有一些喜好乾燥的例外品種。本書P.74介紹的印度虎蜈蚣 Scolopendra hardwickei，或亞利桑納沙漠蜈蚣 Scolopendra heros arizonensis 之類都是喜好乾燥的蜈蚣品種。如果生活環境過於潮濕，這些蜈蚣的健康狀態可能會急劇惡化，要特別留意（詳細參閱P.74）。

■ **大型種（20～30cm）蜈蚣的飼養：**這個體型的蜈蚣完全可以說是怪物等級。稱得上超大型種的蜈蚣種類不多，十分有限。關於大型種的基本飼養方法，請參閱P.70的祕魯巨人蜈蚣 Scolopendra gigantea，與P.68的加拉巴哥巨人蜈蚣 Scolopendra galapagoensis 解說中的介紹的方式。在此補充一個飼養重點，大型種蜈蚣的飼養方式與需要準備的資材，與其說是飼養蜈蚣，更像是飼養爬蟲類等大型脊椎動物的感覺，適合養在空間寬廣的玻璃容器或大型壓克力箱中。

　　其他稱得上超大型種且在日本市面流通的蜈蚣，有圭亞那巨人蜈蚣 Scolopendra viridicornis、波多黎各巨人蜈蚣 Scolopendra sp.（有時海地巨人蜈蚣 Scolopendra alternans "Haitian" 也會以此學名標示販賣）等。而波多黎各巨人蜈蚣在原生地甚至有山羊殺手的驚世稱號。之前介紹的中型種蜈蚣中，經過反覆蛻皮後長到20cm以上的也不少。實際上，日本俗稱泰國巨人蜈蚣 Scolopendra sp. 流通的品種中，筆者也曾見過最大長達26cm的個體。大型種蜈蚣之中，雖然南美系的華麗蜈蚣很受注目，但日本西南諸島其實也棲息著獨特的超巨大蜈蚣。蜈蚣這個物種在全球範圍內還有很多未記載的新種，想必今後還會繼續發現各式各樣的蜈蚣。無論是哪一種大型蜈蚣，其力量絕對都是小型與中型蜈蚣無法比擬的強大，因此要十分小心注意牠將飼養箱的蓋子頂開縫隙，絕對要避免蜈蚣脫逃。關於毒性方面，被體型愈大的蜈蚣咬到，注入的毒液量也會相對增加，造成嚴重的反應，因此抓取或照顧蜈蚣請謹慎為上。

馬陸的飼養

　　根據種類不同，馬陸有耐乾旱的，也有不喜乾燥的，有喜好穴居的，也有喜好樹棲的，偏好的環境可說是各式各樣。人工飼養箱裡的基本配置並不會有太大的差異，因而此處不以種類區分，只分成體馬陸和幼體馬陸2種的飼養方式。

　　不管是一般球馬陸、彩虹球馬陸、具有特殊花紋的扁背馬陸，或日本國內可以見到的帶馬陸族群等，皆可使用下列介紹的飼養方式飼養習性相近的物種，但長期飼養仍有困難，是需要同好們共同努力探索的生物。

■ **成體馬陸的飼養：**全世界都有馬陸棲息於各式各樣的地方，主要常見於森林或雨林等濕度高的環境，也有數個生活於乾燥地帶的例外品種。生活型態也分成好幾種，有幾乎潛伏於地下穴居的類型，也有徘徊於地表的類型，還有主要依附在樹幹上生活的樹棲型馬陸。但是在人工飼養的情況下，都可以相似的方法照顧。

　　基本的飼養方法請參照P.82介紹的南非產大型種非洲巨馬陸 Archispirostreptus gigas，或幾內亞巨人馬陸 Ophistreptus guineensis等的飼養方法。在無需太高的飼養箱裡鋪上腐葉土，不管哪個品種都適用。至於給水方式，中型種至大型種皆放入不會溺水的水碗，小型種則不放水碗，使用在箱內噴灑霧水的方式給水。

　　穴居於地底據點的馬陸種類，包括黃帶千足蟲 Anadenobolus monilicornis 或越南的彩虹千足蟲 Tonkinbolus dollfusi 之類，多為小型種和中型種，並且不適應乾燥的底材。主要是潛藏在腐葉土中生活，因此飼養這類馬陸時，底材需要經常保持濕潤，請注意別讓底材變得乾燥。

　　地棲性的非洲巨馬陸或幾內亞巨人馬陸，雖然在馬陸中比較耐乾燥環境，但是過於乾燥仍是禁忌。樹棲傾向的馬陸雖然世界各國都有分布，但日本市面上流

通的多是東南亞原產的品種。代表性品種包含分布於泰國的大型種 *Thyropygus sp.*，或原生於馬達加斯加的 *Aphistogoniulus cf. sakalava*。樹棲傾向的馬陸雖然能夠以一般方式飼養，但是目前尚未聽聞繁殖成功的例子。樹棲型態的馬陸還有很多未記載品種，想必今後還會不斷發現＆記錄更多物種。樹棲傾向品種的飼養環境，可以在厚厚的底材上豎立少許漂流木，創造出具有高度的空間。和穴居或地棲的馬陸相比，空氣中的濕度更為重要。因為濕度不足導致馬陸一直處於萎靡不振的狀況是最糟糕的，所以最好以每週數次的頻率，在夜間噴灑霧水直到底材全部濕潤，藉此提高飼養空間的整體濕度。

飷 不管是何種型態的馬陸，食性多是分解腐植土或枯葉作為主食的食腐植質。大致上只要有植物性的物質存在就沒問題，當然也可以餵食胡蘿蔔或小黃瓜，不妨將這類蔬菜當成補充用的營養副食，主食仍為腐葉土和枯葉。中、人型種的馬陸經常使用烏龜的配方飼料，或熱帶魚用的薄片飼料等固體飼料來餵食。飼料之外，無論是地棲或樹棲的馬陸，都要在底材撒上爬蟲類用的鈣粉供馬陸攝取。在自然環境下，土壤裡的礦物質也是馬陸重要的營養來源之一，人工飼養時也應該模擬類似的環境，請將鈣粉細細撒在飼養箱裡。樹棲傾向的馬陸即使正常進食腐葉土或固體飼料，仍然有很大的機率漸漸變衰弱。這可能是因為在野外會自然而然的吃到苔蘚或菌類，進而攝取必要的營養成分，人工飼養下卻無法作到。樹棲型馬陸最喜愛的餌食是杏鮑菇或鴻喜菇之類的蕈類，雖然也會吃人工飼料，但是食性方面好惡十分鮮明。對於食用的腐葉土也會明顯表現出喜愛或厭惡感。樹棲型馬陸在市面上流通的數量並不多，其中還包含很多生態不明的品種。包含例外的扁背馬陸或球馬陸族群，也有很多食性不明的部分，飼養方法也處於尚未完全定案的狀態。

■ **幼體馬陸的飼養**：大多數的馬陸都是以卵塊的形式孵育，將粉狀表土作成中空的球狀固體，然後在土球中產卵。在人工飼養下，只要能夠確認進行了交配行為，過一陣子試著撥開飼養箱底材，多半就能找到產下的卵塊。混在底材裡的卵塊毫不起眼，經常發生一不小心就孵化完成的情況。不管是多麼巨型的大型種，孵化的馬陸幼體都非常小，看起來和同樣白色的蒼蠅幼蟲十分相似，但仔細觀察還是可以分辨出馬陸的形狀。

至於產卵之後的管理，基本上要將四散在箱內的卵塊一一回收實在很困難，但應該有助於提高孵化率，有耐心的人不妨嘗試看看。如果覺得成體和卵塊同在一處不是很放心，也可以在找到卵塊之後將成體馬陸移到別的容器裡飼養，將產出卵塊的飼養箱另外管理。但是交配後的馬陸常常會分成數次產卵，結果就需要不斷處理轉移馬陸。此外，小型種馬陸的卵塊非常小，處理作業可能會十分麻人。基本上，可以將產出的卵塊和成體放在同一個飼養箱內管理，溫度和濕度之類的條件只要配合成體也沒問題。卵塊埋在底材的狀態下，調整濕度時要特別小心，注意別讓土壤濕成爛泥狀，否則卵會有腐壞的可能。

飷 幼體即使從卵中孵化也不會立刻爬出地面，而是待在土裡生活。幼體的食性與成體相同，由於無法爬至地表進食，因此只會食用自身活動範圍周遭的腐葉土。若是與成體共養的場合，馬陸雙親可能會把腐葉土吃盡只餘排泄物，如此一來可能導致幼體沒有食物可吃而餓死。因此飼養時請經常確認，並補充足夠的腐葉土。追加腐葉土的時候混入爬蟲類用的鈣粉，可以讓幼體成長得更快速。幼體長到一定程度就會爬出至地面，若成長至此，飼養方法就和成體相同，完全沒問題了。飷

■著／田邊 拓哉（Tanabe Takuya）

1994年生，島根縣松江市出身。大阪Communication Art專門學校（現今大阪ECO動物海洋專門學校）畢業後，進入爬蟲類、兩生類專賣店「EndlessZone」（http://www.enzou.net）工作。目前也是爬蟲類、兩生類、奇蟲的飼養愛好家。特別喜好蜈蚣、夜蜥、蚓蜥等。

■執筆協助／海老沼剛

■編輯・攝影／川添 宣廣（Kawazoe Nobuhiro）

1972年生，早稻田大學畢業後，曾任職於出版社，並且在2001年獨立（http://www.ne.jp/asahi/nov/nov/nov/HOME.html）。最初是從爬蟲類與兩生類的專門誌開始，爾後經手多本書籍與雜誌的編著，製作的書籍包括《爬蟲類、兩生類絕大圖鑑1000種》、《爬蟲類、兩生類照片導覽系列》、《日本的爬蟲類、兩生類田野觀察圖鑑》、《貓頭鷹完全飼養》（誠文堂新光社）、《爬蟲類、兩生類1800種圖鑑》（三才 books）等。

■照片提供／二木勝、大谷勉、松村しのぶ、海老沼剛

■協　力／五十嵐亮太、iZoo、海老沼剛、大谷勉、大西匡、小畑敬濟、影山達郎、加藤充宏、桑原佑介、小家山仁、佐久間聰、田邊尚子、土屋知己、二木勝、松村しのぶ、EndlessZone、Cafe little ZOO、Creeper社、高田爬蟲類研究所、永井浩司、熱帶俱樂部、爬蟲類俱樂部、B-BOX Aquarium、V-house、Pumilio、星野穗瑞領、LUMBERJACK、Remix Peponi、Rep JAPAN、レプティリカス

■製　作／茂手木將人（STUDIO 9）

寵物書 06

怪模怪樣怪可愛

世界奇蟲圖鑑

作　　　者／田邊拓哉
譯　　　者／簡子傑・編輯部
特 約 編 輯／黃建勳
發 行 人／詹慶和
總 編 輯／蔡麗玲
執 行 編 輯／蔡毓玲
編　　　輯／劉蕙寧・黃璟安・陳姿伶・陳昕儀
執 行 美 編／陳麗娜
美 術 編 輯／周盈汝・韓欣恬
出 版 者／美日文本文化館
發 行 者／雅書堂文化事業有限公司

郵政劃撥帳號／18225950
戶名／雅書堂文化事業有限公司
地址／220新北市板橋區板新路206號3樓
電話／(02)8952-4078
傳真／(02)8952-4084
電子信箱／elegant.books@msa.hinet.net

2019年10月初版一刷　定價350元

國家圖書館出版品預行編目資料

怪模怪樣怪可愛：世界奇蟲圖鑑 / 田邊拓哉著；簡子傑譯. -- 初版. -- 新北市：美日文本文化館出版：悅智文化發行, 2019.10
　面；　公分. -- (寵物書；6)
ISBN 978-986-93735-8-6(平裝)

1.節肢動物 2.動物圖鑑

387.025　　　　　　　　　　　108013525

SEKAI NO KICHUU ZUKAN
© Seibundo Shinkosha Pubulishing. Co., Ltd. 2017
Originally published in Japan in 2017 by Seibundo Shinkosha Publishing Co., Ltd.
Traditional Chinese translation rights arranged with Seibundo Shinkosha Publishing Co., Ltd.
through TOHAN CORPORATION, and Keio Cultural Enterprise Co., Ltd.

經銷／易可數位行銷股份有限公司
地址／新北市新店區寶橋路235巷6弄3號5樓
電話／(02)8911-0825
傳真／(02)8911-0801